# 了不起的蜜蜂

[美] 索尔·汉森（Thor Hanson）/著

黄丽莉 徐新建/译

# BUZZ

## The Nature and Necessity of Bees

中信出版集团 | 北京

图书在版编目（CIP）数据

了不起的蜜蜂 /（美）索尔 · 汉森著；黄丽莉，徐新建译 . —北京：中信出版社，2022.3

书名原文：Buzz: The Nature and Necessity of Bees

ISBN 978–7–5217–3964–0

I. ①了… II. ①索… ②黄… ③徐… III. ①蜜蜂–普及读物 IV. ① Q969.557.7–49

中国版本图书馆 CIP 数据核字（2022）第 020170 号

Copyright © 2018 by Thor Hanson
This edition published by arrangement with Basic Books, an imprint of Perseus Books, LLC,
a subsidiary of Hachette Book Group, Inc., New York, New York, USA.
All rights reserved.
Simplified Chinese translation copyright © 2022 by CITIC Press Corporation
ALL RIGHTS RESERVED
本书仅限中国大陆地区发行销售

了不起的蜜蜂

著者：　[ 美 ] 索尔 · 汉森

译者：　黄丽莉　徐新建

出版发行：中信出版集团股份有限公司

（北京市朝阳区惠新东街甲 4 号富盛大厦 2 座　邮编　100029）

承印者：　中国电影出版社印刷厂

开本：880mm×1230mm 1/32　印张：9　字数：182 千字

版次：2022 年 3 月第 1 版　印次：2022 年 3 月第 1 次印刷

京权图字：01–2020–0347　书号：ISBN 978–7–5217–3964–0

定价：59.00 元

版权所有 · 侵权必究

如有印刷、装订问题，本公司负责调换。

服务热线：400–600–8099

投稿邮箱：author@citicpub.com

致——诺亚

# 目 录

# 作者札记

虽然蜜蜂（honeybees）在本书中多次出现，但我想事先说明，本书并不是专门讨论它们的。由于与蜜蜂有关的知识在其他书籍中已经有较为全面的介绍了，因此在本书中，我不会详细描写蜜蜂独特而迷人的行为，比如摆尾舞、分蜂行为等。从古罗马诗人维吉尔开始，人们创作了几百部讲述蜜蜂的优秀作品，其中包括两名诺贝尔奖得主的作品。本书概述了多种蜜蜂（bees），包括切叶蜂、熊蜂、壁蜂、地蜂、条蜂、木蜂和黄斑蜂等[①]。

此外，冒着激怒我的一众昆虫学家朋友的危险，我在本书中将使用一些非正式用语。例如，我将本书中的所有虫子都称为“bug”，而不只是半翅目昆虫。本书的术语汇编中包含了我无

① 本书中的bees统译为蜜蜂，泛指蜜蜂总科（Apoidae）中的7个科、近2万个物种，而非特指蜜蜂科蜜蜂属的11种社会性物种。——译者注

法避免的专业术语，书后还附有蜜蜂总科的图解、注释和参考文献。希望读者能够仔细阅读这些注释，它们是对主体内容的有趣补充，比如关于花蜜大盗、枣蜜，以及如何命名长着毛茸茸的触角的熊蜂（fuzzy-horned bumblebee）的故事。

序言

# 落在手中的蜜蜂

熊蜂欢快地歌唱，直到它失去了蜜和蜇针。

*

威廉·莎士比亚

《特洛伊罗斯与克瑞西达》（约1602）

一把弓平淡无奇地射出了一支箭，这支箭向上飞去，消失在树叶和树枝之间，它后面拖着一条长长的单丝钓鱼线，在散射的阳光下闪闪发光。我的实习助理站在船头将头抬起，又满意地点了点头，然后取出更多的线，它们的前端原本用胶带粘住。这正是他一天的工作内容：帮助生物学家在哥斯达黎加的雨林树冠中定位绳索和研究设备。对我来说，它标志着一个转折点。用不了几分钟，我和一位同事就布好了昆虫陷阱，这是我职业生涯中第一次正式研究蜜蜂，也可以说是我第一次尝试研究蜜蜂。

但这个项目并没有完全按计划进行。向树冠射箭和拖拉各种装置只让我们获得了一些标本，而且通常要经历一个惊心动魄的时刻——一个悬挂的陷阱碰巧撞到了一个蜂巢，里面的蜜蜂倾巢而出。这种情况实在令人愤怒，不仅是因为浪费了时间和精力，还因为我知道蜜蜂就在那里。我可以从我们收集的大量遗传数据中清楚地看到它们的存在。通过比较成熟花粉和种子的DNA（脱氧核糖核酸），我知道花粉在整个区域传播——不仅在邻近的树木之间，也在方圆一英里[①]半的范围内。那些树属于豆科，所以它们的紫色花序是为蜜蜂授粉而设计的，就像野豌豆、三叶草、甜豌豆和其他常见品种一样。虽然我的项目最后失败了，但这种经历却让我越发迷恋。我立即去寻找关于蜜蜂分类和行为的课程，并在日常工作和生活中想方设法捕捉标本。有时，我确实会抓到一些。

像其他对蜜蜂感兴趣的人一样，我对近期趋势也越来越担忧。自2006年美国养蜂人首次报告“蜂群崩溃综合征”以来，数以百万计的美国蜂群突然消失。调查人员认为这是由多种原因造成的，比如杀虫剂和寄生虫等。同时，他们还发现除了蜜蜂之外，许多野生物种的数量也急剧下降。随着新闻报道、纪录片，甚至是美国总统对此敲响了警钟，公众对这一情况有了更深刻的认识。但我们真的了解蜜蜂吗？关于这种昆虫的很多细节，就连许多专家也搞不清楚。有一次，我在车里听收音机，听到一位著名的博物学家讲述早期欧洲殖民者如何带着欧洲的蜜蜂抵达美洲的詹姆斯敦和普利茅斯。他解释说：如果他们没有带来蜜蜂，庄

① 1英里≈1.61千米。——编者注

稼就无法授粉。这话让我惊讶得差点儿把车开进沟里！北美洲本地有超过4 000种蜜蜂，它们整天飞舞在花丛中，难道都没有授粉吗？这还不是最糟糕的例子，我办公室的书架上有一本装帧精美的《世界蜜蜂大全》，它是由著名的昆虫学家撰写的，并由一家优秀的非小说类出版社出版，但封面上那张可爱的特写照片居然是一只苍蝇！

人们经常说，蜜蜂授粉产生的经济价值占所有农作物产值的1/3。然而，蜜蜂就像人类赖以生存的许多自然资源一样，还不为大众所熟悉。1912年，英国昆虫学家弗雷德里克·威廉·兰伯特·斯拉登（Frederick William Lambert Sladen）在观察了熊蜂后说："每个人都认识胖胖而温和的熊蜂。"这在斯拉登时代的英国乡村可能确实如此。但一个世纪之后，我们发现，比起对蜂类本身的了解，我们更了解蜂类所处的困境。我曾经在离家不远的海边草地上开展了一项研究。我得到了一笔小额赞助，用于解答生物学中的一个基本问题：草丛间有多少种熊蜂？虽然我可以在一天内到达两个国家的6所研究型大学，但我并没有一份较为完整的本地蜂类目录。我在那个夏日里收集了45种蜂类标本，但这只是一个开始。幸运的是，对所有人来说，在夏日很容易与蜂类重新建立起联系，无论你住在哪里。过滤掉现代生活的喧嚣，你就可以听到它们的嗡嗡声——从果园、农场、森林到城市的公园、空旷的地段、高速公路的护栏旁和后院的花园里。同样幸运的是，随着人类对蜂类了解的逐渐加深，我们也在慢慢了解一个令人难以拒绝的故事。这个故事始于被困在琥珀中的古代标本，之后发展到蜂鸟、花的起源、拟态、盗寄生蜂、香味，还有让人难以置信的空气动力学上，最后很可能还会与人类进化的关键时期有关。

今天的蜂类当然需要我们的帮助，但同样重要的是，它们也需要我们的好奇心。本书在探索蜂类的历史和生物结构的同时，也将激发读者对它们的热爱，甚至是狂热，这就是本书的写作目的。除此之外，我更希望本书能让你在阳光明媚的日子里走进大自然，在花间找到一只蜂，静静地观察它。你可能会直接用手去抓蜂，就像我的小儿子那样——他从三岁起就开始徒手抓蜂。抓住蜂，然后慢慢地松开你的手指，将它放走——你能感受到它小小的足挠得你手心发痒，你也能听到它在你的手掌上振翅发出的沙沙声。

导言

# 蜜蜂嗡嗡嗡

躺下、倾听——然后昏昏欲睡思绪下沉，

几乎意识不到外界的纷扰——唯有迷途的蜜蜂在轻柔呢喃。

*

威廉·华兹华斯

《春歌》(1817)

没有人不忌惮长有外骨骼的生物。人类一看到昆虫和其他节肢动物，大脑就会产生恐惧。[1]恐惧通常会激活与厌恶情感相关的神经突触，[2]心理学家认为这些感觉与生俱来，而且是一种进化反应，可防止人类接近可能咬人、伤人或传播疾病的害虫。但是，对于那些脆弱而分段的躯体，我们也会产生异样的感觉——哪怕从安全的距离看这样的生物，我们也能想象出踩到它们时发出的那种令人作呕的嘎吱声。人类这种哺乳动物属于脊椎动物，我们体内的骨骼构成了我们的身体结构，这是所有脊椎动物的直观特征。从学术角度来说，把坚硬的部位露在外面可能是一种更好的进化策略，毕竟节肢动物的物种数量至少是脊椎动物的20倍。但事实上，外骨骼生物令人毛骨悚然，它们的眼常常具有小眼面，触角挥舞着，还长着很多条可怕的腿。电影制片人对此了然于胸，所以《异形》系列电影的制作人雷德利·斯科特基于昆虫和海洋无脊椎动物塑造出恐怖的怪物形象，而不是基于小狗；《指环王》中最可怕的生物不是像猪一样的兽人或洞穴巨魔，而是名叫尸罗的巨型蜘蛛。具有外骨骼的生物不仅令普通人心生恐惧，对训练有素的专业人士有时也会造成影响。在昆虫学家杰弗瑞·洛克伍德（Jeffrey Lockwood）的著作《被感染的心灵》中，他坦承之所以放弃昆虫研究转到哲学系，原因就在于：他在研究蚱蜢的时候，一大群蚱蜢突然一拥而上，他要被吓死了。

很多时候，我们会拍死节肢动物，或者让当地的灭虫人员杀死它们。当然，我们也有“法外开恩”的时候，通常是对一些长得不像虫子的虫子，比如长着绚丽翅膀的蝴蝶，披着老虎条纹、愉快地跋涉的毛毛虫，或者小巧圆润的七星瓢虫。人们也喜欢蟋蟀，但人们通常是在夏日黄昏时分从远处欣赏它们的鸣叫，而没有真正端详它们的身体。[3]从经济角度来看，家蚕因能产生有价值的蚕丝而备受关注，还有一种亚洲小白蜡虫为全世界提供了虫胶。此外，我们对昆虫的态度还体现在我们的农药支出上，目前每年的农药支出高达650亿美元。

在这种面对昆虫时普遍产生的不安情绪中，我们唯独对蜂类另眼相看。蜂类的眼大而突出，长有两对膜状翅和突出的触角。蜂类孵化后会像蛆虫一样翻腾，长成成虫后会成千上万地聚

图I–1　人类对节肢动物的恐惧常被编到故事里，从《圣经》中的蝗虫到《卡夫卡变虫记》，再到20世纪20年代杂志封面上的恐怖图像（WIKIMEDIA COMMONS）

集在一起。每只蜜蜂都长有一个毒针，被它扎到会令人痛苦不已。我们本该十分惧怕它们，但纵观整个人类历史，在世界各地的文化中，人们早已克服了对蜜蜂的恐惧，并主动观察它们、追踪它们、驯服它们、研究它们，为它们写诗和编故事，甚至崇拜它们。

人类对蜜蜂的迷恋从史前时代就开始了，那时候的人类不会放过任何一个寻找蜂蜜的机会。随着远古人类在全球各地迁徙，他们不断地找寻那种甜品，他们从蜜蜂那里抢走蜂蜜，也抢劫了许多鲜为人知的蜜蜂物种。从非洲到西班牙再到澳大利亚，石器时代的画师将采集蜂蜜的过程记录在洞穴的壁画中，他们描绘了攀登高高的梯子、手持火把和爬上危险的高处采集蜂蜜等场景。对我们的祖先来说，蜂蜜的价值诱使他们付出努力和勇于冒险，

图I–2　几千年前，蜜蜂、蜂巢和人类就已经同时出现在岩画中了。有时会以记录采集蜂蜜过程的文字形式出现，有时会以象征性形式出现，如南非东开普省桑族人的欢庆仪式和舞蹈（IMAGE © AFRICAN ROCK ART DIGITAL ARCHIVE）

被蜜蜂蜇的疼痛也就不算什么了。

从狩猎野生蜂巢到向有组织地养蜂过渡，人与蜜蜂间的互动朝着一个合乎逻辑的方向发展，各地的人们逐步定居下来养殖蜜蜂。到目前为止，人们已经在欧洲、近东和北非的数十个新石器时代农业点发现了带有蜂蜡的陶瓷碎片，有些陶瓷碎片甚至可以追溯到8 500多年前。[4]没有人确切地知道第一个养蜂人是在何时何地养殖蜜蜂的，但可以肯定的是，埃及人早在公元前3000年之前就掌握了蜜蜂养殖技术。他们在狭长的黏土罐中饲养蜜蜂，最终还学会了在尼罗河岸的季节性作物和盛开的野花中诱捕蜜蜂。人类在驯养马、骆驼、鸭子或火鸡之前就知道如何养蜂了，[5]甚至比学会种植苹果、燕麦、梨、桃子、豌豆、黄瓜、西瓜、芹菜、洋葱或咖啡豆等还要早。印度、印度尼西亚和尤卡坦半岛等地的人们也独立驯化了蜜蜂。玛雅养蜂人喜欢饲养“皇家女士”——一种没有毒针的热带雨林蜜蜂。当赫梯人统治亚洲西部时，他们极其重视养蜂，任何偷盗蜂巢的人一经抓获就可能要面临高达6谢克尔银币的高额罚款。希腊人颁布了蜂蜜税，要求竞争对手之间保持300英尺①的距离作为缓冲带。不仅如此，在看到这笔生意有利可图之后，希腊人的造假技术也变得越发纯熟。希罗多德描述过一种能够以假乱真的糖浆替代品，它是由“麦芽和柽柳的果实”[6]制成的。几个世纪以来，人们烹煮大枣、无花果、葡萄和各种树木的汁液来获得更便宜的蜂蜜替代品，但直到精制

① 1英尺≈0.30米。——编者注

糖出现以前，蜂蜜仍然是全世界对甜味的终极衡量标准。

人们对于甜食的本能欲望开启了养蜂行业，而且随着人们发现蜂巢的其他用途，养蜂潮不断高涨。将蜂蜜与水混合，经过发酵，又带来了新的美味诱惑，让人们沉醉其中。学者们认为，蜂蜜酒是最古老的酒精饮料，经过酿造方法的不断迭代，它至少已被消费了9 000年，[7]甚至更久。古代中国人在蜂蜜酒中加入大米和山楂，凯尔特人用榛子给蜂蜜酒调味，芬兰人喜欢在蜂蜜酒中加入柠檬，埃塞俄比亚人则偏爱用苦涩的鼠李叶给蜂蜜酒调味。但最强效的蜂蜜酒可能存在于中美洲和南美洲的雨林，玛雅人和其他部落的巫师利用有麻醉作用的植物根部、树皮研制出了致幻蜂蜜酒。[8]事实上，形形色色的药剂师早已认识到蜜蜂的好处，他们用蜂蜜、蜂蜜酒、蜂胶、蜡质药膏甚至蜜蜂的毒液来治疗各种疾病。来自12世纪的叙利亚的《药典》记载了1 000份药方，总结了各种疾病的古代疗法，其中超过350份药方都与蜜蜂有关。[9]

历史学家希尔达·兰塞姆（Hilda Ransome）在描写蜜蜂时说：“古人关于蜜蜂对人类价值的评价皆名副其实。”[10]她并没有夸大其词，因为除了带来甜蜜的味道、蜂蜜酒和治疗作用外，蜜蜂还为人类提供了照明。从史前时代到工业时代前夕，大多数照明方法都与烟雾和混乱有关，如篝火、火把以及用鱼油或动物脂肪做成的简单照明工具。在那段日子里，只有蜡烛能产生干净、稳定、令人愉悦的光。几千年来，寺庙、教堂和富裕人家利用蜡烛的光度过了一个个黑夜。蜂蜡还有许多其他用途，比如防水、防

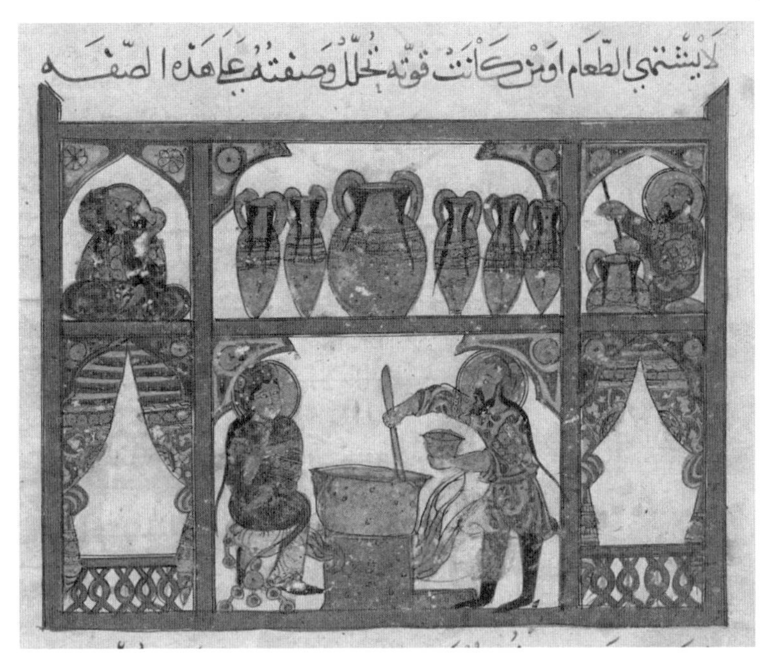


图I–3　这本13世纪的阿拉伯语文本描绘了一名药剂师制作全能药方的场景，以治疗身体虚弱和食欲不佳的患者，药方包括蜂蜜、蜂蜡和人的眼泪。引自阿卜杜拉·伊本·法德尔（Abdullah ibn al-Fadl），《蜂蜜制药》（*Preparing Medicine from Honey*，1224）（IMAGE © THE METROPOLITAN MUSEUM OF ART）

腐、冶金等，但蜡烛常常供不应求，成为养蜂行业最有价值的产品。罗马人在公元前2世纪征服了科西嘉岛后，不再用岛上闻名的蜂蜜来衡量税收，而代之以蜂蜡——他们每年征收20万磅[①]蜂蜡，令人惊叹。[11]与此同时，监督征税的文士和官员则在另一种创新的蜜蜂产品上做着记录，它是世界上第一个可擦写的平板。

① 1磅≈0.45千克。——编者注

在黑板发明之前，人们用触针在覆盖了蜂蜡的平板上做记录，[12] 这种介质不仅容易储存或运输，而且经过加热后表面会变得平滑，之后可再次使用。

蜜蜂从一开始就和人类的关系密不可分。作为众多商品（包括奢侈品）的原料，蜜蜂的地位也变得举足轻重。难怪，它们会被编入民间故事、神话，甚至宗教故事中。埃及人将蜜蜂视为太阳神拉（Ra）的眼泪的化身，法国的一个古老神话将蜜蜂的存在归功于基督，传说蜜蜂是基督在约旦河沐浴时由他手中掉落的水滴幻化而成的。酒神狄奥尼索斯（古希腊神话里的葡萄酒与狂欢之神，也是古希腊的艺术之神）和瓦伦丁（其死亡日被定为情人节）等神灵或圣人都是蜜蜂的饲养者。在印度，蜜蜂幻化为爱神卡玛手中嗡嗡作响的弓弦。成群的蜜蜂在古代世界通常意味着战争、干旱、洪水和其他重大事件。在中国，蜜蜂是好运的象征，在印度和罗马却预示着厄运。根据西塞罗的说法，当柏拉图还在襁褓之中时，一群蜜蜂聚集在这位未来哲学家的嘴唇上方，赐予了他口才和智慧。在供奉狩猎女神阿尔忒弥斯、爱与美的女神阿芙洛狄特和丰收女神得墨忒尔的寺庙中，都设置有蜜蜂女祭司。[13]不仅如此，在著名的特尔菲神庙，圣谕也被称为“特尔菲蜜蜂”。

因为蜂蜜的甜味无可比拟，所以人们认为蜂蜜也是神圣的，并将其与蜜蜂一同记载在传说中。据说，宙斯的母亲将襁褓中的儿子藏在一个山洞里，野生蜜蜂直接向他口中喂入甜甜的花蜜和蜂蜜，把他抚养长大。印度教中毗湿奴、克里希纳和帝释天三位神灵也是吃花蜜长大的，被称为“生长在花蜜中的人”。在斯堪的纳维亚半岛，幼时的奥丁（至高无上的众神之王，也是胜利之神和死神）喜欢将蜂蜜与圣羊的奶混合食用。无论是被倒在圣杯中，还是被加进神圣的蛋糕中，蜂蜜主导了瓦尔哈拉神殿、奥林匹斯山和其他宗教圣地的餐桌，世界多地的传统文化都将蜂蜜与众神的食物联系在一起。对忠诚的人来说，蜂蜜是希望得到公正奖励的象征。《圣经》以及凯尔特人的传说、科普特的手抄本等各种古籍都将天堂描述为一个河流中流淌着蜂蜜的地方。

图I–4　根据古希腊的一个神话，这一切都是从狄奥尼索斯在一棵中空的树上捕获到第一批蜜蜂开始的。引自皮耶罗·迪科西莫（Piero di Cosimo），《巴克斯发现了蜂蜜》（*The Discovery of Honey by Bacchus*，约1499）（WIKIMEDIA COMMONS）

无论是从日常生活的角度还是从象征意义的角度来看，蜜蜂对人类的价值都源于它们的生物学价值。现代蜜蜂是一个工程学奇迹，它有着全景的紫外线视觉、灵活互锁的翅和超敏感的触角，它能够嗅出任何气味，不论是玫瑰花、炸弹还是癌症。蜜蜂和开花植物一起进化，并发展出它们最显著的特征——花为蜜蜂提供了制造蜂蜜和蜂蜡的原料，也为它们的导航、交流和合作提供了动力；作为回报，蜜蜂会为花提供最基本的服务。然而，奇怪的是，直到17世纪人们才开始理解蜜蜂和花之间的关系。

1694年，德国植物学家鲁道夫·雅各布·卡梅拉留斯（Rudolf Jakob Camerarius）首次发表关于授粉的观察报告，但当时的大多数科学家都认为植物有性的概念是荒谬且污秽不堪的。即使在几十年后，人们仍然认为菲利普·米勒（Philip Miller）对蜜蜂在郁金香花丛中逗留的描述过于生动，不适合出现在他的畅销书《园丁词典》中。由于多次遭到投诉，出版商最终不得不将该内容从第三版、第四版和第五版中删除。但是，只要你有机会进入农场、花园，甚至是面对一盆花，你就可以验证他关于授粉的观点的正确性。蜜蜂在花丛中的舞蹈最终吸引了一群最伟大、最善于思考的生物学家，包括查尔斯·达尔文和格雷戈·孟德尔等名人（兼养蜂人）。今天，授粉仍然是一个重要的研究领域，因为它不仅具有启发性，而且是不可替代的。虽然在21世纪我们可以从精制糖中获得甜味，可以从石油中获得蜡，可以通过触碰开关获得光照，但对绝大多数农作物和野生植物来说，它们只能仰仗蜜蜂来完成授粉。

近年来，关于蜜蜂的讨论不绝于耳，经常比蜜蜂发出的嗡嗡声还要响。野生蜜蜂和养殖蜜蜂的衰减威胁着植物的授粉，而我们过去一直认为昆虫帮植物授粉是理所当然的。但蜜蜂的故事还有更多，时间跨度从恐龙时代到生物多样性爆炸期（达尔文称之为“恼人之谜”）。蜜蜂为自然世界的塑造贡献了一份力量，人类就是在这个世界里不断进化的。蜜蜂的故事常常与人类的故事交织在一起，本书旨在探索蜜蜂的本质以及它们为何如此重要。为了理解它们，并最终能够帮助它们，我们不仅要弄清楚蜜蜂来自何方、如何工作，还要了解为什么它们能成为我们喜爱而不是恐惧的昆虫。讲述蜜蜂的故事首先应从生物学开始，但它们也让我们更加了解自己。这既解释了我们和蜜蜂之间何以保持长久的亲密关系，也解释了广告商把目标转向蜜蜂，兜售啤酒、早餐麦片等的原因。优秀的诗人都喜欢用蜜蜂来形容花朵、嘴唇、山谷的回响。人们通过研究蜜蜂还可以更好地理解方方面面，比如集体决策论、上瘾现象、建筑设计、高效的公共交通等。

人们曾经将蜜蜂的嗡嗡声理解为逝者的声音——一种来自精神世界的低语。这种信仰出现在了埃及、希腊和其他文化中，他们认为，一个人的灵魂在离开他的身体时将以蜜蜂的形式出现，并在之后的旅程中依稀可听或可见。虽然生活在现代的人们对蜜蜂的嗡嗡声习以为常，但蜜蜂在古代社会是受人尊崇的对象，它们在饥荒年代给人们提供了食物，在社会变革中给人们提供了思想源泉。只是到了现代，人们才总是把它们与杀虫剂、丧失栖息地等其他威胁联系起来。没人确切知道蜜蜂是如何起源的，但我们至少可以在一件事上达成一致：我们都能辨识出蜜蜂的声音。

# 蜜蜂的进化

进化不会从无到有地产生新事物，它总是基于已经存在的生命形式……

——弗朗索瓦·雅各布（François Jacob），
《进化与修补》（1977）

# 第 1 章

# 琥珀中的泥蜂

你，喧闹的，

天鹅绒般柔软的，

兴高采烈的小东西

飞舞着，演奏着

你那动听的大提琴……

离开我的

洋地黄，

别碰我的玫瑰；

你，蜜蜂

和你那毛茸茸的

敏锐的鼻子！

*

诺曼·罗兰·盖尔（Norman Rowland Gale）

《蜂》（1895）

我无法当作这嗡嗡声不存在。我受人之托，去寻找一种稀有的蝴蝶。在一个大砾石坑中，我看见这种稀有蝴蝶正悄悄地扇动着它的白色翅膀。我正要朝它跑去，捕虫网和笔记本也都准备好了，此时我脚下地面的颤动却突然吸引了我的注意力。这是博物学研究的问题之一：当世界充满未知的吸引力时，我们该如何专注于手头上的工作？我对自己说："盯住目标。"这也是卢克·天行者给我的建议，他在电影《星球大战》的最后一场混战中，努力把目标对准一个能够摧毁死星的小排气口。然而，对我的委托人来说不幸的是，我不具备像绝地武士那样的专注力。

我蹲下来，发现自己被成千上万只泥蜂包围了。它们的身体黑黄相间，线条光滑流畅，向四面八方飞奔，好像篝火四周的火花。泥蜂降落在蜂巢旁，这是我见过的最大的蜂巢。我感觉到自己的肾上腺素激增，不是因为害怕，而是因为兴奋。对蜜蜂爱好者来说，找到蜂巢就像穿越到过去。我感觉，我脚下的蜂巢穴里就包含着它们如何进化及为什么进化的关键线索。我把捕虫网、笔记本和所有关于蝴蝶的想法放在一边，将脸贴住地面，开始观察。

一只泥蜂快速降落在几英寸[①]远的鹅卵石地面上，来回晃动，我的视线都有点儿跟不上了。它突然停在了一小片沙地上，伸出前足开始挖土，像狗一样把土往后刨。我周围的其他泥蜂也在重复这一过程，它们不断地挖沙子，令地面微微颤动起来。有些泥蜂围在旧的地洞旁，有些泥蜂则另起炉灶，但所有泥蜂都各行其

① 1英寸=2.54厘米。——编者注

是，互不干扰。不像大胡蜂、小胡蜂和其他常见的泥蜂，这些愤怒的小挖土机没有建造精致的蜂巢，也没有成为花丛中惹人厌的害虫。它们没有生活在由蜂王领导的有组织的大型蜂群中，相反，它们是独居动物，聚在一起只是为了更好地利用栖息地。[1]它们属于一个大家族的一分子，该家族在1802年被命名为泥蜂总科（sphecid）[①]。这个名称源于希腊语中的泥蜂“sphix”一词，这意味着对早期的昆虫学家来说，这些昆虫完美地展现了泥蜂的生活方式，并因此被称作“似泥蜂的泥蜂”。但我眼前的泥蜂让我的思绪飘到比分类学家林奈生活的时代还要久远的年代。在白垩纪中期，即恐龙的鼎盛时期，一群勇敢的泥蜂放弃了其祖先的生活习性。不久之后，它们进化为蜜蜂。

我面前的那只泥蜂突然停止挖沙子，飞走了。仔细一看，我发现了半个洞穴，可能是它的，也可能是其他泥蜂的。我等了一会儿，它还是没有回来。我伸出手来，拨开沙子，露出了一条像铅笔一样粗细的通道，略微向下倾斜。我继续挖，洞穴的墙开始向内坍塌，于是我往里插了一根长长的干草做标记。这条地道延伸到地面以下几英寸深的地方，它是我一直在寻找的一个地方，那里有一只黑色苍蝇的尸体，和夏天窗台上的苍蝇尸体一样毫不起眼。但那只死苍蝇表明了泥蜂的一些特性：它们是肉食性动物，靠在大自然中捕捉猎物来喂养它们的幼虫。这种被称为沙蜂的泥蜂主要以苍蝇为食，其他种类泥蜂的捕食目标则比较广泛，

---

① 分类学家把泥蜂总科分为3个科，把和蜜蜂科关系最近的一个科叫方头泥蜂科。分类系统还会进一步修改，但这里使用的名称都是较为常见的用法。

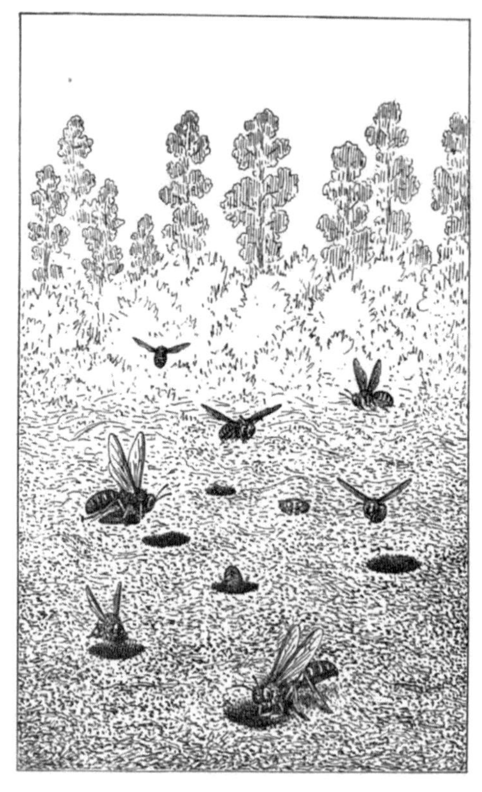

图1–1　一群泥蜂，通常被称为沙蜂。每只雌性沙蜂都会自己挖洞筑巢，并将捕捉到的昆虫喂给巢内的幼蜂。该图由詹姆斯·亨利·爱默顿（James H. Emerton）绘制，引自乔治·佩卡姆和伊丽莎白·佩卡姆所作《泥蜂：独居性和社会性》（*Wasps: Solitary and Social*，1905）

包括蚜虫、蝴蝶、蜘蛛等。它们利用毒针杀死或麻痹目标，然后把猎物拖回巢穴里，供它们的幼虫吞食——不论那些昆虫是死是活。这种策略虽然听起来令人毛骨悚然，但非常高效，并且有超过1.5亿年的历史。然而，事实证明，改变策略是一个更加明智的选择。

历史上的很多著名的素食主义者都强烈反对屠宰场，提倡无肉生活方式所带来的健康回报和环境效益，比如列夫·托尔斯泰和保罗·麦卡特尼。但是，若活动家们忽略了蜂类的故事，他们就错失了一个伟大的论据。素食主义并没有简单地改变蜂类的生活方式，而是为它们创造了一种新的生活方式。由于第一代蜂发现了一种规模巨大且大部分未开发的资源——花，它们的食物得以从动物的躯体转变为花所提供的养分，从而使觅食对它们而言变得非常方便。在其他蜂类需要为自己找到一种食物，并为后代寻觅完全不同的食物的情况下，[2]泥蜂已经实现了“一站式购物”。一朵花既带给它们甜甜的花蜜，又为其幼虫提供了富含蛋白质的花粉。苍蝇、蜘蛛和其他狡猾的猎物有时难以捕捉甚至充满危险，然而，花丛中的花儿既不会反抗，还会用诱人的颜色和香味来表明它们的位置。我们并不知道泥蜂是什么时候转变为蜜蜂的，也不知道这一转变是怎样发生的，但毫无疑问，这个转变带来了益处。现在，蜜蜂的数量几乎是泥蜂的3倍。[3]

我仔细地填充洞穴后，暂且把泥蜂搁在一边，回到原来的地点去寻找那种稀有蝴蝶。我在一个满是花朵的斜坡上度过了一整个下午，这里有金色野芥子、红三叶草，还有紫色的羽扇豆和紫花苜蓿。在这样一派繁花盛开的景色中，我突然产生了用花朵牟利的想法。但在蜂类的进化过程中，这个转变是一种充满偶然性和开拓性的适应行为。我们认为白垩纪是恐龙的时代，但爬行动物的大量繁衍并不是那个时代和我们这个时代的唯一区别。据了解，当第一只成年蜂为它的幼蜂提供花粉时，野花的花瓣、颜色和其他特征还在发育中，所以尚未形成成片的野花。我们透过化石得知，早期的花很小且不显眼，在一个以针叶树、种子蕨类和苏铁为主要植物的环境中微不足道。想要把蜜蜂的进化放在特定的背景下，就需要对这个世界有清晰的了解，但那个时代的大多数进化都集中发生在大蜥蜴身上，而不是植物身上。当我翻看恐龙的相关图书时，我在其中找不到任何类似花的东西，更不用说蜂了。

很快，我的思绪就飘到了另外一个问题上：蜜蜂是如何进化的？如果在那个时代鲜花渺小而罕见，那么蜜蜂的祖先为什么会找到它们呢？是什么促使它们从肉食转向了素食？第一只蜜蜂是什么样子？从泥蜂进化成蜜蜂要花多长时间？每当有昆虫进化的相关问题浮现在我的脑海中时，我总会去问一个人。

当我向迈克尔·恩格尔（Michael Engel）问起关于蜂类进化的问题时，他回答说："这是一个令人惊奇的未解之谜，我们对此知之甚少。"他接着说："可以说，我们从化石记录中一无所获。"

迈克尔的办公室位于堪萨斯大学的一个仓库里，他就是在这里和我讨论这些的。2006年，该校的昆虫标本馆（及其馆长迈克尔）搬到了那里。当时的校方管理人员认为，500万只针插标本占据了校园内一座宏伟的老建筑里的太多空间。除了担任馆长的职务外，迈克尔还是两所大学的教授、美国自然历史博物馆的研究员和9份不同专业期刊的编辑。他发表了650多篇经同行评议的文章，还与人共同撰写了权威著作《昆虫的进化》（*Evolution of the Insects*）。在这个宏大的领域中，他的研究方向是蜂类的进化。当我在电话里提到想了解蜂类进化的问题时，他的声音变得高亢起来。我们谈了将近两个小时。

“要寻找最早的蜜蜂，你得回溯到大约1.25亿年前。”迈克尔解释说。不幸的是，目前已知最古老的蜜蜂化石记录[4]距那时已有5 500万年，在蜜蜂的进化史中留下了一个巨大的空白。从好的方面来看，这种明显缺乏化石证据的现象至少可以说明蜂是从哪里进化来的。

迈克尔说：“早期蜜蜂的生活地点可能恰恰是最不容易留下化石的地方。”几条证据表明，蜂和许多早期的花朵都是在干燥、炎热的环境中进化而来的。即使在今天，最繁盛的蜂类群落也不存在于多样化的潮湿热带地区，而是在地中海盆地或美国西南部等干旱地区。白垩纪的景观大部分看起来很相似，但我们对那些地方或生活在那里的生物知之甚少，因为化石的形成必须具备化石本身缺少的东西——水。一个生物通常需要在缺氧的地方迅速被沉积物覆盖才能变成化石，因为缺氧条件下腐烂的速度会有所延缓。因此，化石的形成主要发生在水下，如沼泽、湖泊、河流和浅海的底部。这意味着我们对遥远过去的印象和研究能力受到古生物学家所谓的“保存偏差”的影响。来自最潮湿栖息地的远古动植物对我们的影响最深，因为它们变成了化石并保存至今。但也有例外，比如山洪暴发或火山活动后在干燥地方形成的化石，不过，这些化石也没有告诉我们关于蜂类起源的任何信息。

“这是一个难题，”迈克尔告诉我，“具有蜂类特征的化石很难找到。就算找到了，你也只知道那是一只蜂，而不知道它们从原始泥蜂进化成蜜蜂的具体过程。”

问题在于，蜂类食用花粉是一种行为，不是一种生理特性，而行为并不能体现在化石上。随着它们进化出有助于收集和携带花粉的独特的绒毛和其他特征，它们形成了新的觅食习惯。但是，最早的蜂类一定和泥蜂长得很像，而且这种状态可能持续了一段时间；也许它们像某些蜜蜂一样把花粉储存在肚子里，回到巢中再吐出来。[5]这使得我们几乎不可能找到名副其实的“第一只蜜蜂”（即使找到了，我们也认不出它来）。

“要想确认进化史上的第一只蜜蜂，你必须找到一个蜂巢化石，”迈克尔自言自语道。它必须包含花粉，最好还有母蜂，并且化石形成于母蜂喂养幼蜂的瞬间。“如果有人发现了这块化石，”他笑着补充道，“我愿意自掏腰包买一张机票，飞到天涯海角去看看它！”

谈话过程中，我能明显地感觉到迈克尔对数据有着强烈的热情，他对有证据支持的观点和基于推测的观点有着明确的区分。蜜蜂是白垩纪中期一种泥蜂的素食后代，这是众所周知的事。基于这一点，他做出了各种可能的推测。可以说，没有人比他对蜜蜂早期进化的可能性研究得更透彻了。他自嘲地说：“我是为数不多的喜欢在这上面浪费时间的人之一。”但迈克尔的丰富成果绝不是一种浪费。2009年，林奈学会颁给他一枚200周年纪念章，这是对40岁以下的生物学家最好的褒奖。但如果不是他大四时做出的一个偶然决定，迈克尔·恩格尔可能一辈子都不会研究蜂类。

他回忆说："我从小就不太喜欢昆虫。"但他一直是个专注细节的人。他喜欢画细微的东西，这常常让他母亲抓狂。为了把目标对象的每一个特征都精确地按比例画出来，他总是购买昂贵且超精细的钢笔。后来，当一位化学教授建议迈克尔为完成本科学位论文去尝试不同的事情时，他便坚定地选择了堪萨斯州的医学预科课程。迈克尔解释道："教授说这有助于我在申请医学院时从众多竞争者中脱颖而出。"就这样，他走进了传奇蜜蜂专家查尔斯·米切纳①的实验室，从某种意义上说，迈克尔自此就再也没有离开那里。给蜜蜂分类完全符合他对细致事物的兴趣爱好，他喜欢应对棘手的进化谜团所带来的挑战。他这样描述道："对于没有人研究的东西，我就想研究它。"因此，在他听说一位受人尊敬的昆虫学家认为所有昆虫化石记录都"没有用处"后，便马上着手研究早期蜜蜂和昆虫的进化阶段。迈克尔在康奈尔大学完成研究生学业并在美国自然历史博物馆工作了一段时间后，被米切纳选为继承人。他回到堪萨斯，继承了始于20世纪40年代的蜂学研究传统。尽管他已经发表了关于跳虫、蚂蚁、白蚁、蜘

---

① 查尔斯·米切纳的名字和作品将在本书中反复出现。在长达80年的科学生涯中，他被人们亲切地称为"米奇"（Mich），他是蜂学研究领域的领军人物。他的作品《蜜蜂的世界》（*Bees of the World*）和《蜂类的社会行为》（*The Social Behavior of the Bees*）都是经典著作。他还培养了几十位杰出的科学家，比如迈克尔·恩格尔等许多蜂类专家，以及著名人口生态学家保罗·埃利希（Paul Ehrlich）。

蛛和书虱的论文，但蜜蜂及其进化依旧是他关注的重点。毋庸置疑，迈克尔·恩格尔研究过的蜜蜂化石比其他任何人都要多，他也进行了许多思考。

迈克尔告诉我："我喜欢的一个假设是，泥蜂在一次采集花蜜时，身上偶然沾了花粉，并将其带回了巢里。"这个假设还只是推测。泥蜂也可能是为了捕捉花朵上的猎物——苍蝇或其他昆虫，才沾上了花粉，或者猎物以花粉为食。不管怎样，一旦花粉频繁出现在巢穴中，泥蜂幼虫就有可能把花粉也当作它们的食物吃掉。用迈克尔的话说，一旦偶然形成了这种食物链，泥蜂后代食用花粉就会逐渐成为必然。

他指出："花更多时间采集花粉的雌性泥蜂可以避开巨大的危险。"与狩猎的风险相比，采集花粉相对安全。"捕食是一种危险的游戏。猎物会进行自我保护，一旦泥蜂的翅被撕裂，或者口器被损坏，它们就会陷入巨大的麻烦。"自然选择会偏爱花粉采集者，它们平静的生活方式有助于它们活得更长，繁衍更多的后代。"接下来的事情你应该知道了，蜜蜂就变成了现在的样子。"他总结道。

迈克尔的猜想为泥蜂向蜜蜂的进化提供了一个强有力且直观的例子，但他对接下来发生的事情持更加谨慎的态度。专家们对于现代蜜蜂的解剖学特征已经达成了一致意见：即使是最神秘的蜜蜂物种，脉序也有其微妙之处，它至少有几根分叉的绒毛用于运送花粉。现在已知最古老的蜜蜂化石已经具备了这些特征，至于在这之前它们是如何进化来的，以及为什么这样进化就不得而知了。迈克尔指出，即使是那些分叉的绒毛也无法告诉我们真相是什么。分叉绒毛最初可能是用于分隔飞行肌肉的；如果蜜蜂是在沙漠中进化形成的，分叉绒毛则可能是为了减少呼吸孔周围的水分流失。但一切都只是猜测，除非有人发现了迈克尔所说的“完美巢穴”，或找到了可填补蜜蜂进化史空白的早期化石。幸运的是，人们不需要弄清楚每一种特征的起源就能确定蜜蜂进化的关键阶段。当蜜蜂出现在化石中时，它们显然已经脱离了泥蜂祖先，形成了一个独特、多样、成功的群体。而且，也许是为了弥补早期的不足，它们的外形变得更漂亮，颜色也变得更鲜艳，人们有时甚至会把它们当作珠宝佩戴。

与迈克尔合著《昆虫的进化》一书的戴维·格里马尔迪（David Grimaldi）发现，他的工作需要用到两种截然不同的工具：一种是捕捉活昆虫的纱网，另一种是用来开采化石的钢锤。当化石存在于琥珀中时，锤击的技巧尤为讲究。琥珀由针叶树和其他树的树脂形成，存在于被洪水淹没或被沉积物覆盖的地方。化石化的树脂颜色呈温暖的琥珀色、奶油色、黄色、绿色或蓝色，挖掘过程就像寻找彩色玻璃一样。用光线照射，琥珀内部的情况将一目了然。因为被它困住的生物会和树脂一起变成化石，[6]并呈现出精致的三维结构，甚至微观特征也会清晰地显现出来。科学家曾发现一枚化石内含保存完好的白垩纪沙蝇，其腹部的血细胞清晰可见，甚至还一同发现了病原体。这表明恐龙像人类和其他现代生物一样，也曾受到虫媒疾病的困扰。[7]

琥珀为蜂类的进化提供了完美的证据，保留了蜂类采集花粉的生活方式（有时是花粉本身）的所有相关细节。即使是透过照片，化石看起来也非常逼真，美轮美奂、光彩夺目。最古老的琥珀可以追溯到6 500万至7 000万年前，它出土于新泽西州的一个矿床，这个矿床还出土了很多开花植物化石。这只蜜蜂位于一大块淡黄色的琥珀中，它是一只雌性工蜂，与现在热带地区常见的无刺蜂没有差别。作为有着复杂社会结构的蜂群，无刺蜂是从更

图1–2　琥珀中的蜜蜂化石展示了这种绝迹物种的具体细节。这只汗蜂（*Oligochlora semirugosa*，上图）的翅脉、足毛和触角清晰可见，无刺蜂（*Proplebeia dominicana*，下图）的后足则保留着整齐的树脂球（收集后用于筑巢）。这两个标本都来自多米尼加共和国的矿床，大约有1 500万至2 500万年的历史（上图来自MICHAEL ENGEL VIA WIKIMEDIA COMMONS；下图来自OREGON STATE UNIVERSITY）

原始的独居蜂进化而来的。想要养活成百上千个工蜂群体，需要大量的花粉和花蜜，这就要求有植物群落的存在。在蜜蜂化石附近找到的来自远古丛林的植物化石恰恰证实了这一点。这些植物群落包括依靠某些昆虫传粉的杂草丛，以及一种能产生树脂的书带木属植物。高度特化的蜂类收集树脂用于筑巢，[8]这是它们独特的优势。综上所述，新泽西州的化石证据表明，在第一只蜜蜂诞生和第一枚蜜蜂化石形成之间还有很多故事发生。

“这有点儿像参加聚会迟到了。”迈克尔开玩笑说，但即使是迟到的人，也能收获颇丰。在发现这枚化石之前，专家们只能推测蜜蜂进化的时间。但现在一切显而易见，所有的关键步骤（比如身体特征和社会行为）都是在早期发生的。蜜蜂的祖先可能是一种泥蜂，在远古时期它们的外部结构和行为与今天的蜜蜂非常相似。然而，与那些古老的爬行动物不同，蜜蜂似乎并未受小行星撞击事件的影响，虽然该事件终结了白垩纪。已知最具多样性的蜜蜂化石群来自大灭绝后不久的一段时间，后来人们在琥珀里发现了大量化石，数量多到要用渔网来装。

4 400万年前，在欧洲的一片广阔的松树林中，波罗的海琥珀形成了，现在这些琥珀偶尔会在德国北部向东延伸到俄罗斯的区域被发现。人们从古代就开始收集和交易琥珀，它们曾被错误地当成化石化的猞猁尿液、大象精液，或者由神的眼泪凝结而成的固体。亚里士多德通过研究一些内含小生物的琥珀，在某种程度上认识到它们的本质。当迈克尔·恩格尔把注意力转向波罗的海琥珀时，他发现并记录了超过36种蜂类，包括现代汗蜂、壁蜂、切叶蜂和木蜂等。它们的外形和种类符合蜜蜂早期的进化和多样化特征，与开花植物迅速扩张的时期吻合。但是除了得到清晰的科学解释，阅读迈克尔的论文还让我对波罗的海琥珀产生了一种抑制不住的冲动：我要得到它们。谁能抵挡住在宝石中寻找远古生命的诱惑呢？很快，我联系上一个拉脱维亚的商人，只需付给他一点儿费用，他就愿意把他在一天内找到的所有琥珀都提供给我。

我住在太平洋西北部一个布满树木的小岛上，在树丛中很容易发现一些生物。我办公室后面的树林里有一条小路，一棵道格拉斯冷杉就伫立在路旁，我曾看到蚂蚁、苍蝇、蜘蛛、甲虫、毛毛虫和三只蜈蚣被树脂困住直至死去。但从海滩上发掘的一小堆琥珀中找到昆虫或其他生物则是一个难题。

“找到蜂类化石了吗？”我妻子笑着问我。我和我的小儿子诺亚赶忙把从拉脱维亚寄来的包裹倒在厨房的桌子上，然后给琥珀抛光，急切地在里面寻找目标。我们将琥珀拿到窗口，它们在阳光下闪闪发光，宛如白兰地色的珠宝。但我们只在琥珀中找到了几个小木片和一些像种子的东西。[9]

我将收集到的琥珀放在办公室窗户旁的一个架子上，那里还有我收藏的一些其他化石——石炭纪的叶片和种子，以及始祖鸟化石的复制品。之后，我一次次地拿起那些琥珀，重新抛光、搜寻，尤其在看到迈克尔的科学插图旁边的比例尺之后。波罗的海琥珀中的化石大多很小、不起眼，长度不到1/4英寸（小于6.5毫米），但我和诺亚还是期待可以从中发现像熊蜂一样的化石。许多现代蜂的个头都很小，且不说化石里的蜜蜂，我甚至不确定自己到底能在花间认出几种蜜蜂来。为了真正了解蜜蜂的多样性，即它们的大小、形状和颜色的多样性，我需要的不只是一张捕虫网和一堆书籍，我还需要一名导游。其实，我每年都会前往偏远的地区旅行，到达一个看起来像蜜蜂起源地的地方（前提是迈克尔·恩格尔的判断是正确的）。

# 第2章

# 我的黑彩带蜂

如果不知道名字，就不知道主题。[1]

*

卡洛斯·林奈

《植物学评论》(1737)

你永远分辨不清楚各种蜂。

*

艾伦·亚历山大·米尔恩(A. A. Milne)

《小熊维尼》(1926)

两辆黑色的越野车沿着土路朝我们驶来，车后的尘土在干燥的沙漠空气中翻腾着。车放慢速度停了下来，发动机空转着，我们能感觉到几双眼睛透过深色的车窗注视着我们。

“哦，别怕他们。”杰瑞·罗森(Jerry Rozen)轻快地说，并朝他们挥了挥手。罗森在亚利桑那州南部做过几十年的实地考察，他早就知道美国边境巡逻队会来检查。往南仅半英里，穿过一片被8月的烈日照射得闪闪发光的平原，就能到达墨西哥。但今天，那里的人们对跨越国界线没什么兴趣。他们挥舞着手中的网，在灌木和仙人掌之间来回奔跑，每当找到好东西，就会欢呼起来。我很想加入其中，但我先要向一位技艺高超的大师学习如何捕蜂。

"把网对准花冠正上方，"罗森这样指导我们。他用娴熟流畅的动作为我演示了正确的捕蜂技巧。很快，他那细密的网袋里就满是愤怒的昆虫。

我不知道越野车里的人谈论了什么，但是两辆车突然发动引擎开走了。显然，边境巡逻队的人认为，我们给自身安全带来的威胁大于我们给国家安全带来的威胁。

"蜂总是追寻光源。"罗森强调说。后来，他把这句话改为"蜂几乎总是追寻光源"，并承认他偶尔也会被蜂蜇到脸。但今天，当他举起网的一端对准太阳时，昆虫们相互合作，远离他的脸向上爬。他趁机拿起一个玻璃瓶伸进网里，从容地把他想要的蜂装了起来，然后放走其他昆虫。"还有问题吗？"他问道。

在接下来的日子里，每个人都会对杰瑞·罗森提出疑问。这是最重要的事，也是从日本、以色列、瑞典、希腊和埃及远道而来的人们学习蜂类课程的目的。这门课程为我们提供了一个与北美的顶尖专家一起研究蜂类的难得机会，也加强了蜂类研究者之间的交流。罗森在史密森学会工作过一段时间，还在美国自然历史博物馆负责了半个世纪的蜂类研究。他80多岁的时候仍然很活跃，举止优雅，无论是在研究站的门廊喝一杯酒，还是进行野外工作，都衣着得体。罗森专门研究独居蜂的筑巢习性，其他人则从事授粉生态学、遗传学和分类学等方面的研究。但这门课真正的重点是一项更基本的内容：学习如何区分蜂类。所以，美国西南部的沙漠尤为适合讲授这门课。

图2–1　在这张照片中，一只金黄色的沙漠蜜蜂落在一只木蜂的头上。它们均被发现于亚利桑那州，两只蜂的大小迥异表明了美国西南部沙漠中蜂类的惊人多样性（PHOTO © STEPHEN BUCHMANN）

当我第一次拿到申请表的时候，我以为它印错了。8月去亚利桑那州？在一年中最热的月份去沙漠？但人类的舒适感与蜂类课程的安排无关。对蜜蜂来说，8月的酷热天气最适合飞行，而且此时仙人掌和野花刚受到夏日雨水的滋润，生机勃勃。这种组合成为蜜蜂理想的栖息地：在一片干燥的土地上，有大量的花粉和花蜜。不仅如此，那里还遍布巢穴，比如适宜挖掘的开阔地、河流陡岸，以及中空的茎干、岩石裂缝和啮齿动物的洞穴。在之后降雨量很小的日子里，这些巢穴几乎不会遭受洪水、花粉变质或真菌感染等灾难的侵袭，而在气候较为潮湿的地方，真菌感染将给蜂类带来巨大的威胁。这就意味着，我们每挥动一次网都有可能抓住60多个属的蜂类，它们分属6个科（共有7个科）。到目前为止，亚利桑那州已经发现了1 300多种蜂类，其多样性是其他地方无法匹敌的。很快，我们的生活就被高效的课程和收集活动占满了，随后还要在实验室里花费大量时间制作和鉴定标本。在罗森等人的帮助下，我能够辨识一些主要的类群，比如，将光滑的黑木蜂与毛茸茸的熊蜂区分开，将纤细的工蜂与闪闪发光的汗蜂、粗叶蜂区分开。但在第一天，当我们共聚一堂参加晚间讲座时，摆在我面前的任务看起来根本不可能完成。

“错了！那不是蜂！”劳伦斯·帕克（Laurence Packer）激动地喊叫着。为了暖场，他展示了一系列具有欺骗性的昆虫：长得像泥蜂的蜜蜂，长得像蜜蜂的泥蜂，以及一些长得很相似的其他昆虫。他并不是有意为难我们，而是为了把我们的努力引导到正确的方向上。为了确定某些蜂的种类，我们需要做细致的解剖、运用高性能的显微镜和借助多年的实践经验。但他向我们保证，在10天内我们都能学会如何识别蜂类的科和属。由于亲缘关系相近的蜂类既在行为上相似，又在外表上相仿，这些分类技能有助于我们了解生物学以及蜂类的多样性。

如果说罗森是蜂类鉴定课程的资深元老，劳伦斯·帕克就是这门课程的推动者。帕克身高超过6.5英尺，穿着一身在中东探险时入手的棉质长袍，在讲台上或田野中显得十分威严。虽然他的观点有时显得过于夸张，但他非常有耐心地寻找相关证据，这既是为了研究蜂类，也是为了那些想了解它们的人。第二天，我和他一起去采集样本。每当我们停下来观察一朵花时，他都会真诚而期盼地审视我的猎物。

"嗯……这几只没有用。"他从中挑出三个蜜蜂标本扔到一边。劳伦斯操着一口苏格兰地区特有的轻快语音，尽管他的整个职业生涯都是在加拿大多伦多的约克大学度过的。通过做讲座、出书和发表数十篇科学论文，加上对本土蜜蜂的积极保护，他在蜜蜂研究方面声名远播。我从劳伦斯那里学会了希腊语中的蜂学家"*melittologist*"一词，但他把驯养蜜蜂的研究者和野生蜂的研究者区分开来。"并不是我不喜欢西方蜜蜂的科学术语'*Apis mellifera*'。"他在他的大学网站上这样解释。他指出，当人们问他关于蜜蜂的问题时，就像"问一个鸟类学家关于鸡的问题"。[2]

我在蜜蜂课程上遇到的所有人似乎都有和劳伦斯一样的矛盾心理。每当谈起蜜蜂时，他们就像舞台剧演员谈论好莱坞明星一样，因为他们知道自己的辛勤工作永远不会被很多人熟知。尽管野生蜂品种多样且十分重要，但它们都被蜜蜂（野生蜂更为人所知的唯一表亲）的光芒掩盖了。对那些研究它们的人来说，这有些令人沮丧。毕竟，在非洲、欧洲和西亚之外的地区，蜜蜂常常扮演入侵者的角色，它们会战胜本地物种，甚至引入新的疾病。正如舞台剧演员喜欢看电影一样，蜂学家也对蜜蜂感兴趣。许多野生蜂研究专家也是活跃的养蜂人，我有次无意间听到他们关于哪种花能产生出最美味的蜂蜜的冗长辩论（其中，最受欢迎的包括咖啡花、矢车菊，还有芳香草本植物，如马郁兰、百里香和迷迭香）。由于蜜蜂是很好的实验对象，我们通过它们知道了很多关于解剖学、生理学、认知、记忆、飞行动力学和高级社会行为的知识，所以，虽然它们可能是蜂类世界中的小鸡，但勤劳的易驯养蜜蜂在这个世界上的地位仍举足轻重。像劳伦斯·帕克这样的本土蜂类爱好者，希望人们把驯养蜜蜂看作诸多蜂类中的一种，而不是全部。

就我个人而言，每当我在蜜蜂课程中抓到一只西方蜜蜂时，我的内心都会充满感激。我很高兴看到它们，其中一个原因就是它们都长着毛茸茸的眼球。虽然专家们并不认同绒毛的功能（绒毛是否有功能也不好说），[3]但蜜蜂属是少有的长有绒毛的蜂类。而且，由于西方蜜蜂是北美唯一的蜜蜂属昆虫，所以识别它可以说轻而易举。无论一个蜂类学家有多喜欢自己的研究对象，他们都必须忍受一种难闻的气味，比如烧焦的杏仁味氰化钾，[4]或者刺激眼睛的乙酸乙酯，因为罐子里很快就会堆满死去的蜂。它们随后会被昆虫针固定住，翅和足要小心地分开晾干，露出身体的所有特征。

我对这一切都了如指掌。我了解科学地收集标本的必要性和重要性，也知道绝大多数昆虫种群都不会受到少数个体死亡的影响[①]，但这并不意味着我喜欢做这样的事。采集生物标本一直令我感到痛苦，有时候收集植物标本也让我不忍心，这种情绪限制了我早期的职业发展。当查尔斯·达尔文搭乘小猎犬号航行时，他把所有生物标本都运回了家——从多刺的仙人掌到用福尔马林浸泡的蜂鸟，共有超过8 000个标本。[5]阿尔弗雷德·拉塞尔·华莱士在马来西亚、印度尼西亚和新几内亚采集的标本总数超过125 000件。[6]现代生物学家的目标是用更轻柔的方式接触研究对象，这种方法也被称作"非侵入性"方法。此外，还有一种更好的方法叫作"亚致死"。但对于不易识别的物种，把标本带回实验室仍然是必不可少的步骤。一天下午，我捕捉到了一个飞行的"珍珠"。

一只蜂首先引起了我的注意，它盘旋在一朵珊瑚色的仙人掌花上，但我却搞砸了，把网缠在了仙人掌的刺上。这是一个桶形仙人掌，长着弯曲且锋利的钩状刺，我花了很长时间才解开了被缠住的网。我也趁此机会看了看这只停留在旁边花朵上的蜂以及其他蜂。这只飞舞的蜂，眼又长又窄，头黑黑的，腹部呈锥形，条纹是我无法形容的颜色。在接下来的一个小时里，我一直在附近捕蜂，但每次尝试都以失败告终。于是，我决定在阴凉处休息一下，放下捕虫网，喝了一大口水。我的头向后倾斜，眼角的余光看到一个熟悉的东西——一只蜂静静地落在我的网边休息！真是得来全不费功夫，我把它直接抓进罐里，盖上盖子。

那天晚上，我的猎物从一众其他标本中脱颖而出。凑近观

① 因为制作标本杀死了少量昆虫。——译者注

察，它身上的条纹是珍珠色的，底色是乳白色的，在光线的照射下像流动的彩虹，又像价格不菲的猫眼石。当光线照射到猫眼石表面时，它会通过二氧化硅分子的玻璃状晶格发生衍射和散射，经过弯曲和分离被我们的眼识别成五颜六色。当我们转换视角时，这些颜色也会发生变化，专业的珠宝商就是这样通过朝各个角度倾斜一枚猫眼石，来展示它的夺目光彩的。值得注意的是，这只蜂的身体与此非常相似，只不过不是通过二氧化硅散射光，而是通过其外骨骼的主要组成部分——半透明几丁质晶格[7]。由此产生了紫色、蓝色、绿松石色，然后逐渐变为绿色、黄色和橙色，各种颜色的边缘模糊不清。即使放大条纹，你也只能看到朦胧的光泽，就好像这只蜂的身体是由光斑组成的。

令人欣慰的是，乳白色几丁质的进化过程跟多毛的眼球一样罕见，这使得我的猎物颇有辨识度。这种特性只出现在黑彩带蜂身上，黑彩带蜂也叫碱蜂，因为它们总是在盐田和干燥湖床的矿化土壤中集体筑巢。这个属的拉丁名是诺米娅（*Nomia*），意指一位美丽的山中仙女。[8]虽然我对各种各样的蜜蜂都很喜爱，但诺米娅犹如我的“初恋”。即使后来我遇到了绿蓝相间的蜂、鲜红的蜂，还有长着雪白绒毛的蜂，我仍然认为黑彩带蜂是最美丽的。就这样，我带着自己唯一的珍藏标本回家了，之后的几年里我视它如珍宝。有一次它的头掉了下来，我急忙用牛头胶修复了它。它一直是我心中的最爱，每当我读到关于蜂类生物学的文章时，我都会自动带入这只蜂。因此，下面就让我们仔细了解一下这种蜂的解剖学知识吧。

对我们这些早已习惯了四肢和内骨骼结构的人来说，蜂类的身体构造看起来十分怪异。但是，它们的构造也有一个内在的逻辑，每一部分都有其存在的目的，这可以解释为什么它们在自然界中如此成功。像所有昆虫一样，蜂类的身体也由三个基本部分组成：头部、胸部和腹部。[9]头部用于感知和与世界互动，包含眼、触角和口器，其功能涵盖了观察、听闻、导航、进食、采集花粉或筑巢材料等。头部后面是胸部，该部位是运动的中心。你可以把它想象成一块巨大的装甲肌肉，连接着蜂类的翅和足——飞行和爬行的基本工具。蜂类的胸部和腹部之间是一个很细小的腰部。黑彩带蜂的腹部有美丽的图案，它是最重要的部位，里面有蜜囊、肠道以及呼吸、繁殖和血液循环所需的所有器官和管道。

图2–2　我的珍藏标本——可爱的黑彩带蜂（*Nomia melanderi*）（PHOTO © JIM CANE）

亚里士多德曾发现："蜜蜂的翅一旦被拔除，就不会再长出来。"[10]自那之后，科学家用各种方法观察和研究蜂类的身体结构。很多书都是围绕这些问题展开的，下面的简短描述和故事揭示了蜂类是如何生活、工作以及感知世界的。

从大小和形状上看，我的黑彩带蜂标本的头好像一枚黑色的小扁豆，但上面有两个突出的触角，在两眼之间向后拱起，好像牧羊人的一对由光滑的乌木树节拼成的微型拐杖。在蜜蜂身体的各个部分中，触角可能是我们最不熟悉的一个，因为人类的身体没有与之相对应的部分。孩子们经常称蜂类的触角为"感受器"，这个名字很贴切，因为它们就是用来感觉事物的。蜂类的触角具有7种不同的感觉结构，每种结构都与特定的环境信号相匹配。感觉气味的结构包括不断吸收周围空气的微小凹陷和毛孔，这使蜂类能够分辨出昆虫学家所说的"古怪的气味"。[11]在蜂类的世界里，不论是潜在的食物还是伴侣，其身上的化学物质都能发出信号，微风则是信息的载体。就像品鉴复杂酒香的葡萄酒鉴赏家一样，它们可以轻易地分辨出微量的信息素，分辨出树叶、树木、土壤和水的芳香，分辨出捕食者和远处花朵的气味。蜜蜂的触角还能够处理声音和振动，并辅助味觉发挥作用。蜜蜂身上覆盖着极细的绒毛和微小的刚毛，这些绒毛和刚毛能对温度、湿度和气流的变化做出反应，而它们的触角末端则能区分各种花瓣的特有触感，比如玫瑰、紫菀或落叶松。当蜜蜂在黑暗中筑巢时，触角成为主要的导航和通信手段，帮助它们找路、区分彼此，并分享有关蜂巢中的工作信息。

如果亚里士多德拔除的是蜜蜂的触角而不是翅，他就会发现这种可怜的生物会变得同样无能。剪断、移除或以其他方式对蜜蜂触角做实验，可以揭示它们的感官能力。目前的研究表明，触角会影响蜜蜂在飞行中的身体位置，对地球磁场做出反应，并吸收花产生的微弱静电。触角之间的微小距离（我的黑彩带蜂标本的触角之间的距离不到2毫米）足以让它们嗅出左右两侧气味浓度的细微差别，这种微小的感觉梯度可以提示气味的方向。在空气的某一侧添加一些气味分子，蜜蜂就会转向跟随，这使它们能够从1千米以外的地方追踪到花朵的香味。[12]蜜蜂如果没有触角，往往会迷失方向，很难完成诸如降落在倾斜表面（比如花）等基本任务。[13,14]博物学家C. J. 波特在1883年剪下一只熊蜂的触角后，感到十分懊悔。他说，它表现出的震惊和茫然让他想起了一头头部遭到撞击的牛的行为。“我想它应该是疼晕过去了。”[15]

在我的黑彩带蜂标本的头掉下来后，我从它的头后窥探，希望能透过它的眼看清里面的世界。不幸的是，它的头部被干燥的组织和几丁质的支柱填满了，光线根本进不去，所以蜂类的视野仍是一个谜。人们常说蜂有5只眼，这并不准确，另外的3只虽然叫作“单眼”，但只不过是像玻璃弹珠一样从头顶伸出来的感光点。由于无法形成图像，它们只发挥了有限的作用：跟踪光线的强度和偏振模式以帮助蜂类导航，尤其是在黄昏的时候。[16]就视觉而言，真正起作用的是蜂类的两只巨大的复眼，它们几乎占据了一只蜂的整张脸。每一只复眼都包含6 000多个小眼面，不断地将对世界的感知传送到脑，脑据此编织出一个广角图像。然而，由于它的眼的大小不能变，焦距是固定的，而且非常短，所以关于远处东西的图像都很模糊。虽然花、巢、同伴和其他感兴趣的事物只能在很近的距离内聚焦，但作为补偿，蜂类拥有一种非凡的感知运动的能力。从眼到脑，它的每一个身体部位都联系紧密，这意味着任何进入蜜蜂视野的东西都不只会引起一个视神经的反应，而是引起一系列反应，就像指尖拨动竖琴的琴弦一样。即使最细微的运动也会刺激几十个或数百个小眼面，它们从不同的角度看到这个移动的物体。这让蜂类具有超强的警觉意识，可以无意识地计算出速度、距离和轨迹，[17]正因如此，我的网扑空了很多次。（由于雄蜂的主要目标是发现移动的物体——在交配季节雌蜂飞过时注意到它们的条纹，所以它们的眼更大。）

在人眼看来，黑彩带蜂上的乳白色条纹闪烁着彩虹一般的光芒。蜂类也能看到彩虹，但它们和我们看到的彩虹有所不同。大多数蜂类的可见光谱从橙色开始，[18]在亮蓝色色谱处达到峰值，最后止于短波长的紫外线。我们知道紫外线是晒伤的主要来源，长袖衬衫、防晒霜和遮阳帽都可以阻挡紫外线。只是我们不知道紫外线是什么样子的，因为我们看不到它。但带有特殊滤镜的相机可以告诉我们紫外线在哪里，这是一种隐藏于花瓣中的诱人语言。例如，我们看到的蒲公英花朵都是黄色的，但在蜂类眼中则不是这样——蒲公英花朵中心位置的黄色与紫外线结合，会产生浓郁而明亮的“蜜蜂紫”。在目前研究过的所有开花植物中，有1/4以上的花朵含有这种颜色组合及其他颜色组合，[19]我们发现蜂类更喜欢光顾这样的花朵。

像蒲公英一样，这类花朵经常形成牛眼图案或叫作“蜜导”的径向条纹，这些条纹像闪闪发光的箭头一样指向花朵——甜味和花粉的来源。这些模式绝不是随意为之。在蜂类几乎不间断地寻找维持它们生命的花朵的过程中，它们逐渐构建起它们眼中世界的模样。然而，它们找到一朵花后会发生什么，则取决于它们的其他身体部位，比如口器。

图2–3　蜂类眼中的紫外线改变了我们对许多熟悉的花朵的印象。在这里，摄影滤镜让花瓣呈现出浓郁的“蜜蜂紫”，强化了黑心菊的牛眼图案。它在人眼中的样子如左图所示，但在蜂类眼中的样子如右图所示（PHOTO © KLAUS SCHMITT）

蜂类的上颚和吻舌表现出机械性特征，仿佛它们不是靠肌肉而是靠齿轮和绳索来运转的。根据需求的不同，蜂类的上颚和吻舌的大小及形状差别也很大。例如，一只切叶蜂的上颚长有细而锋利的齿，可以切断绿色植物，木蜂则更擅长啃咬木头。蜂类的上颚看起来像抹刀，宽而扁平的尖端便于涂抹蜂蜡和给蜂蜡塑形。因为我捕捉到的那只黑彩带蜂是在地面上筑巢的，它的上颚就像铁锹一样，大部分是光滑的且呈圆形，但在尖头处有一颗钝齿，可以撬开坚硬的泥土。这对上颚整齐地交叉于下巴下部，像是一对常用的工具，边缘因为常常使用而被磨得光亮。在它们下面，吻舌像一根细铜管一样伸出来，底部呈黑色，只有头部的一半长。蜂类的吻舌虽然看起来很结实，但实际上是由一个受重叠鞘保护的带凹槽的簇状轴组成的。当它进食时，底部的肌肉会弯曲成一个中空的圆茎，就像一个泵快速地将花朵中的花蜜吸进胃中。整个装置互相连通，在口腔内折叠，就像手风琴的褶皱或铰链式起重机的臂。由于吻舌的长度决定了其在花管中可以到达的深度，一些专门采蜜的蜂类进化出硕大的吻舌。除了他那些易混淆的蜂类照片外，劳伦斯·帕克还跟我们分享了他不久前在智利阿塔卡马沙漠中发现的一种尚未命名的蜂类照片。它的吻舌像大象的鼻子一样伸出来，长度超过身体其他部分的总和，这看似不合常理，但它正好可以到达琉璃苣花深处的蜜腺。[20]

图2–4　这种智利沙漠蜂的头向前延伸，吻舌特别长，可以吸到花朵深处的花蜜（照片由USGS BEE INVENTORY AND MONITORING LAB提供）

蜂类的头部后面是胸部，这里是各种“不可能”的集合。20

世纪30年代，法国昆虫学家安托万·马格纳的著名言论开玩笑般地揭示了昆虫的飞行违反了空气动力学原理。与他同时代的一位德国物理学家和一位瑞士工程师也表达了类似的观点。[21]一直以来，这个观点与一种特殊的昆虫——熊蜂紧密关联，熊蜂的绒毛异常丰满，看起来与它的翅格格不入。作为一种文化记忆，熊蜂飞行中的“不可能”现在成了实现不可能的一个常见比喻，各种心灵鸡汤类图书和政治演讲中都会提到它。玫琳凯化妆品公司的创始人甚至把熊蜂作为企业吉祥物，用镶有钻石的蜂形别针寓意“不知道自己能飞翔的女性”，[22]激发出她们的巨大销售潜力。蜂类不能像固定翼的飞机那样翱翔，因为很明显它们的翅并不是固定的，它们是靠拍打翅膀飞行的。马格纳和其他研究昆虫飞行的

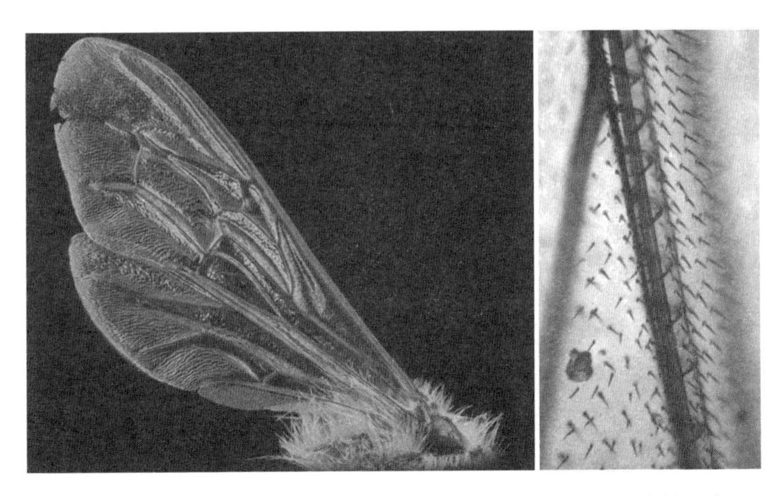

图2-5 蜂类两侧的两对翅可以分开或钩在一起成为一个整体。左边的图片展示了蜂的后翅和前翅，后翅上有一排钩子，前翅后缘卷起构成一个褶皱，钩子就可以钩在前翅的褶皱上，如右图所示（左图来自USGS BEE INVENTORY AND MONITORING LAB; 右图来自ANNE BRUCE）

早期学者都很清楚空气动力学与此不同，即使到了今天，蜂类的翅膀如何产生升力仍然是一个谜。

我的黑彩带蜂标本高举着它的翅，好像在飞行中被冻住了一样。靠近观察，它的翅就像待上色的玻璃窗，窗上的玻璃纸很薄，由深色的翅脉支撑着。蜂类的左右两侧各有一对翅，经由设计巧妙的钩子和褶皱连接在一起，看起来像一个整体。飞机的固定翼靠其特定的形状、角度和速度产生升力，蜂类的翅则依靠每秒200多次的拍打产生升力，并利用风、气压和自身的结构适时调整。蜂类翅膀的拍打速度让早期研究人员备感困惑，因为如此迅速的收缩近乎“不可能”，比蜂类的脑向其神经发送信号的速度还要快。但是，蜂类和其他一些昆虫通过弹性和胸腔内部对侧的肌肉之间的自然张力克服了这个难题。每一个神经冲动都会让这些肌肉像被拨动的吉他弦一样振动，它会拍打翅膀5次、10次甚至20次，再迎接下一个神经冲动。[23]随着每秒可拍摄数千张图像的高速摄像机的发明，蜂类快速拍打翅膀产生升力的过程得以显现出来。通过对图像的逐帧分析，人们发现蜂类的翅并不像我们想的那样上下拍动，而是像一对船桨一样前后移动。在实验中添加了烟雾后，气流变得更明显，你可以看到蜂类的翅是如何通过快速旋转产生稳定向下的压力的，就像直升机的螺旋桨叶片一样，同时通过产生低压螺旋，进一步增加了升力。[24]这让我们重新认识了蜂类的飞行，无人机和风力涡轮机等设备都以此为基础。正因如此，即使是身形笨拙的熊蜂，也能在稀薄的山地空气中长时间飞行。一种来自喜马拉雅山脉的熊蜂被视为世界上飞得最高的昆虫，它们能在珠穆朗玛峰的海拔高度上飞行。[25]

蜂类的另一部分运动系统表现为从其胸腔下方伸出的6只灵活的足。也许不像翅那样神秘，但它们一样不同凡响。我的黑彩带蜂的足如同大头针一样细，但在显微镜下，它们就像铰链式机器一样。然而，不同的是，足上的每一个边缘、每一个关节和每一个刺都是有特定功能的。例如，弯曲的前足上有一个反向的缺口将小刺围成一个闭合的环，并且恰好与触角直径相匹配，可以梳理触角。蜂类落在花朵之上时，你常会看到它们伸出前足，反复地让触角穿过这些圆圈，将任何可能妨碍它飞行的花粉或灰尘一并清除。每只足的末端都有两个弯曲的爪，周围环绕着一个像吸盘的肉垫。这种组合为蜂类提供了牵引力和如壁虎一样的吸附力，使得蜂类可以停驻在光滑的表面上。我的标本已经干了，它的一只后足像舞者的腿一样高高地翘在空中。对昆虫学家来说，这个不完美的构型暴露出我缺乏制作标本的经验，但它确实展示了蜂类后足的一个特征，而这个特征对于蜂类的生活方式特别重要。多年后，那只足上仍然挂着一簇金色的花粉，这应该是我第一次看到仙人掌花粉。花粉之所以能保留下来，是因为它们被挂在花粉刷上。这是一簇浓密而顺滑的毛刷，其他足也有各自的梳子和刷子，用来收集花粉或从绒毛上刷下花粉，再用花粉刷储存和运输花粉。熊蜂、蜜蜂及其他类似的昆虫则做出了改进，它们用花蜜浸湿花粉，使其形成一个黏黏的小球，并储存在足上的花粉筐中。如果它们在同一趟采集任务中遇到了不同种类的花朵，我们通常可以在它们的后足条纹上清晰地看见不同颜色的花粉，

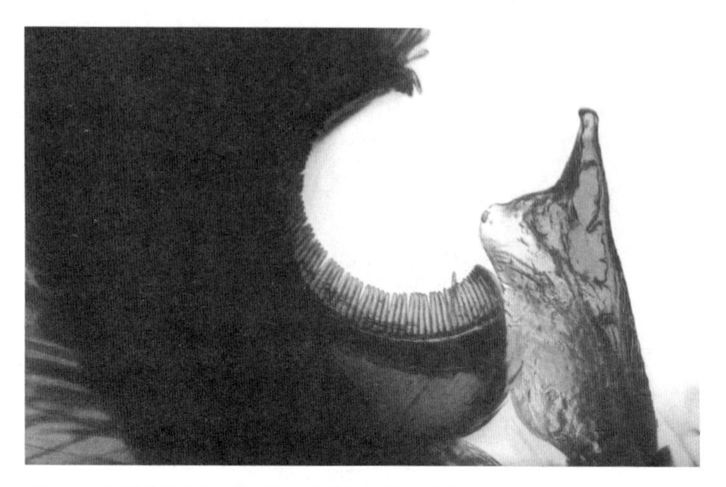

图2–6　蜜蜂前足上的“圆圈”，非常适合梳理触角（PHOTO © ANNE BRUCE）

图2–7　雌蜂的后足上通常长有浓密的分叉绒毛，用于携带花粉，就像图中这只长角蜂足上的绒毛（照片由USGS BEE INVENTORY AND MONITORING LAB提供）

就像马戏团小丑腿上花哨的灯笼裤一样。

大多数蜂类的色斑中心都位于足后的部位，在腹部呈现为逐渐变细的彩色条纹。例如，彩带蜂的绒毛有橙色、黄色、黑色、白色的，一些热带和澳大利亚蜂类则呈现为亮蓝色。这些颜色通常是一种警戒色，是对捕食者的一种警示。与此同时，它们也可以起到识别作用，因为雄性和雌性有时会显示出不同的图案。对蜂类来说，醒目的条纹很常见，但艳丽的颜色并不是必备的。有的蜂类腹部呈黑色或褐色，有的蜂类会在紫外线的世界里呈现出不同的图案，而人类无法察觉和区分。撇开颜色不谈，腹部真正的作用是：支撑维持蜂类生命运转的各种器官和管道。其中的大部分都符合一个昆虫的标准模型：一个简单的心负责把血液输送到脑和肌肉，一个由小袋和管道组成的系统通过表皮上的小孔吸入和排出空气。[26]这类活动大多是被动的，但当蜂类需要发力的时候，它们可以通过加速收缩腹部来达到这个目的。蜜蜂的消化道中有一个叫作“蜜胃”的小袋，它在吸入花蜜时会急剧膨胀，推挤其他器官，为花蜜腾出空间。此外，腹部还有生殖器官和少量分泌信息素和筑巢物质的腺体。当然，蜂类的腹部末端还有一个特征令我们印象深刻，它就是螫针。

如果你正在研究蜂类或者写作一本关于蜂类的书，人们最常问的问题就是：你被螫过多少次？然而，让人意外的是，大多数蜜蜂其实都很少螫人，有些蜂甚至不螫人（这主要指雄蜂，它们没有螫针）。[27]蜂类的祖先进化出的螫针其实是雌性生殖系统的一部分，由最初用来产卵的尖管进化而来。只有雌蜂才有螫针，也

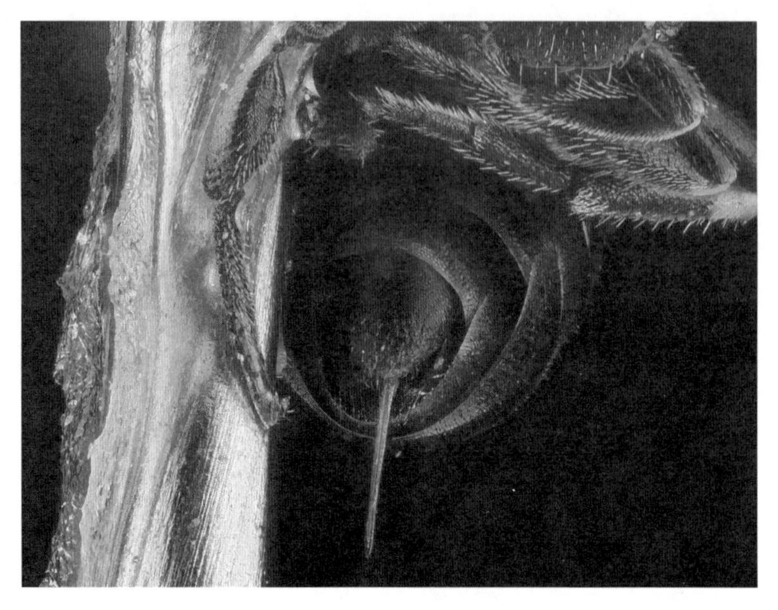

图2–8　大多数蜂类的螫针都没有倒钩，而是尖尖的，就像图中这只叶舌蜂的螫针（照片由USGS BEE INVENTORY AND MONITORING LAB提供）

只有雌蜂才会螫人。对早期的泥蜂来说，这种方便的工具具有双重作用：一是固定住猎物；二是在上面或里面产卵，为它们的食肉幼虫提供一个完美的孵化和进食的场所。有些蜂类至今仍然在做完全相同的事情，也有一些则将这两项功能分开，将产卵活动转移到腹部顶端的一个小孔内，而管状螫针只用于防御和攻击。这使得不同的蜂类能够适应不同的生活方式，有的完全没有螫针，有的则拥有群体防御能力。

我的黑彩带蜂标本死前伸出了毒针，这一定是它做出的最后的抵抗。它的毒针看似是从腹部伸出的一个尖，但放大后，我可以看到它由几个部分组成：一个用来输送毒液的槽状中心轴，周围是两根锋利的针。与大多数蜂针一样，这种针的边缘光滑，像琥珀色的细高跟鞋，这意味着它可以轻松地将毒针缩回。虽然昆虫学家贾斯汀·施密特（Justin Schmidt）没有将诺米娅属列入他的昆虫蜇针伤害程度排行榜，但他形容蜂针蜇刺的疼痛好比拔掉手臂上的一根汗毛。在不需要守卫蜂巢的情况下，大多数蜂类只需要拥有足够的力量来抵御偶尔的竞争对手或者一只饥饿的蜘蛛即可。但在长有蜇针的蜂类中，真正的蜇伤往往来自高度社会性的物种，它们的巢穴中有大量的幼虫，还有蜂蜜，这些美味的诱惑导致它们成为熊、鸟类、灵长类动物等的攻击目标。当面对威胁时，工蜂就会使用群体防御策略来保护蜂巢不受侵略者的伤害。[28]不仅毒液的数量很重要，毒液中包含的物质（不同的蛋白质、肽和可能产生更大毒性的其他化合物）也十分重要。例如，像人类这种哺乳动物会对蜂毒肽（破坏心脏细胞的毒素）造成的灼痛更敏感，其他昆虫（包括其他蜜蜂）则更容易受到组胺的影响。

蜜蜂的蜇针上有倒钩，这种可恶的钩齿可以牢牢地抓住肉，让蜇针留在受害者的身体中。即使蜜蜂在蜇人后飞走或被拍落，它们的蜇针也会留在受害者身上，若你看到上面附有毒囊和肌肉组织，说明它们已经从蜜蜂的腹部被抽了出来。相关的神经中枢也参与了这个过程，帮助毒刺在蜜蜂体外“活”过一分钟，让毒囊有足够长的时间收缩并释放出全部毒液。[29]对蜜蜂来说，失去蜇针会导致致命的腹部创伤。但在任何一个拥有成千上万只工蜂的蜂巢中，它们总是不惜牺牲少数个体来达到群体防御的目的。

施密特认为蜜蜂造成的蜇伤是一个令人难忘的疼痛基线，可用来比较其他昆虫造成的伤害程度。对这种疼痛最形象的描述来自比利时诺贝尔奖获得者、业余昆虫学家莫里斯·梅特林克（Maurice Maeterlinck）："毁灭性的干燥，沙漠中的火焰冲向受伤的肢体，仿佛太阳的女儿从父亲愤怒的光线中蒸馏出一种耀眼的毒素。"[30] 把蜜蜂和太阳联系在一起，这从很多角度来看都是合适的，梅特林克的类比或多或少说明了我们对蜜蜂的探寻之旅始于沙漠。

我将黑彩带蜂和其他100多个蜂类标本放在一个纸板箱里，带离了亚利桑那州。每当我需要鉴定蜂类品种时，总会拿它们做参考。参加过蜂类课程的人员都获得了实用的科学技能，但他们也贡献了更多的东西——对蜂类分类研究的热爱。野生蜂是他们的最爱，也是一个研究课题，既丰富了他们的研究，又改变了观察者想问的问题。既然我有机会给一只野生蜂起名字，我就忍不住想知道它的生活是什么样子的：在一个色彩丰富、动荡不安的世界里，视觉与记忆、气味、振动、电荷和磁力相互作用，构成了一幅生机盎然的画面。当我看到花上落着一只蜂时，我会想象它是如何到达那里的——跟随一丝微弱的气味，逐渐寻觅到一股令人陶醉的香味，直到视线聚焦到那朵花上，花瓣上涌动着紫色，它在花蜜的引导下，感受到一种刺痛的电流，无可救药地沉沦在花朵的甜蜜奖赏中。蜜蜂的身体是一台用来寻找并运输花粉、花蜜的精密机器，但我越具体地想象它们的生活，就越意识到缺失了什么东西。

我在一片花朵盛开的仙人掌中捕获了我的黑彩带蜂，而且，我收集到的几乎所有蜂类都是在花朵周围捕获的。尽管在花间飞舞是蜂类生活的核心，但这只是它们所做事情的一部分。在它们往蜜囊中装满了花蜜，把两个花粉筐都挂满了花粉后，它们又会去哪里呢？我知道蜜蜂生活在包含数万个个体的蜂巢中，也知道它们有特殊性。但我的标本箱里的大多数蜂类都过着迥然不同的独居生活，它们独自筑巢和抚养后代，而我对这些一无所知。如果课程再持续两周，我就可以把我的这些问题交给杰瑞·罗森、劳伦斯·帕克或其他导师去解答了。但有时候，如果你想听一个故事，最好直接去问讲故事的人。我正好认识这样一个人，他曾经以解读、润色并售卖独居蜂的故事为生。

# 第3章

# 不孤独的独居蜂

孤独固然是一件美好的事情，但如果有个人能回应这件事，
也是一种快乐；对这样的人来说，孤独也变得美好了。[1]

*

让–路易斯·古兹·德·巴尔扎克（Jean-Louis Guez de Balzac）
《论退休》（1657）

布莱恩·格里芬（Brian Griffin）正忙着给花园盖一座新的大门，这时他注意到一些黑色的小昆虫在刚挖好的洞周围飞来飞去。起初，他甚至没有意识到它们是蜂类。他只是想：它们在干什么，然后就把这件事抛到脑后去了。在保险业工作35年后，布莱恩于近日退休了，他终于有时间从事业余爱好了：木工、水彩画、研究当地历史和园艺。昆虫学根本不算他的爱好，但很快，这些黑色的小昆虫就从他的花园来到了他的工作室，并到了更远的地方。他也由此开启了他的另一段职业生涯，并且全情投入其中。不出所料，这段旅程也始于授粉。

布莱恩告诉我："我的果树坐果率太差了。"他接着说，篱笆后面的40棵梨树和苹果树的花总是开得很旺，却结不出多少果实。在他读了一份关于本地授粉者的农业公告后，他找到了原因。"我突然意识到那些黑色的小昆虫是壁蜂。"他说。他跑了出去，看到一群壁蜂在他的果树和开花灌木之间飞来飞去。近距离观察，壁蜂的黑色身体发出蓝色的光泽，脸部被一簇黄褐色的绒毛遮住，翅的底部周围也有绒毛。他跟踪它们的飞行路线，到达花园棚屋，看到了它们的完美蜂巢。蜜蜂爬进爬出，将蜂巢里装满花粉，然后用一个精心雕琢的泥块堵住缝隙。布莱恩在一块木头上钻了几个孔，壁蜂也把它们填满了。他继续钻孔，两年后，他拥有了更多的壁蜂（和果实），他甚至不知道该怎么办好。他突然想到，可以把壁蜂作为圣诞礼物送给别人。

图3–1　壁蜂属于壁蜂属，该属包含300多个物种。图中这只雄性红壁蜂正从蜂巢向外窥视（PHOTO BY ORANGAUROCHS VIA WIKIMEDIA COMMONS）

“所有蜂都喜欢它！”他边说边向我展示了他做的蜂巢——有一个可爱的尖屋顶和12个空巢。还有3个洞被壁蜂填满并盖住，粘在底部。等到布莱恩的朋友和家人在次年春天把这些不寻常的礼物挂出去时，休眠的壁蜂将苏醒过来，找到最近的花蜜和花粉来源，并迅速填满新巢的空洞。“一切都运转得很好，”他回忆说，“比我想象的还要好。”

对许多人来说，故事可能就此结束了，以一个难忘的圣诞节早晨和春日里在后院观察壁蜂授粉为结尾。但是，布莱恩从中嗅到了商业机会。当他载着一车壁蜂巢去参加地区园艺展览时，他的壁蜂大受欢迎，总是销售一空。不久，他开始为北美各地的个人和零售商供应壁蜂。他参加养蜂课程，写书，并给花园俱乐部讲授壁蜂知识。他招募了一个商业伙伴，对外出租壁蜂巢、壁蜂棚屋和纸制巢管及定制内衬和填充物。就这样，热心的壁蜂养殖者组成了一个不断壮大的商业网络。如今，从杂货店到亚马逊网站，壁蜂交易随处可见；但在30年前，布莱恩堪称行业先驱。“所有信息都在那里。”他向我保证，然后快速说出了一直以来帮助他的专家和推荐人的名字。接着他笑了笑，摇了摇头说：“但也许是我这个曾经的保险从业人把他们都联系在了一起！”

从某些方面看，布莱恩取得壁蜂事业的成功并不令人意外。壁蜂代表着一种有着超过1.2亿年历史的自然生活方式。果园里的壁蜂像它们的细腰蜂祖先一样，也是一种独居生物。每只雌蜂在没有其他同类配合的情况下，会在春暖花开的时候独自建造自己的巢穴。通过了解这一古老的行为模式，布莱恩不仅取得了家庭手工业的成功，也向他的客户传播了这种行为模式。世界上的20 000种蜂中，绝大多数蜂都是以这种模式生存的。我们往往钦佩进化过程中的创新——从泥蜂到蜜蜂的转变，或者蜂蜜和蜂巢的发明，但这个过程其实非常保守，有利的习性和模式往往会持续很长时间。进化过程中鲜为人知但同样重要的一点是："如果不破，就没必要立。"独居蜂正好体现了这一点。

"哦，它要产卵了！"布莱恩喊道，只见一只壁蜂转过身，回到蜂巢中。还有几十只壁蜂在我们的头上嗡嗡叫着，来回穿梭于固定在他花园后墙上的一堆纸管和木块之间。在看不见内部情况的蜂巢里，壁蜂会把卵产在一个"面包球"上，那是它花一整天的时间收集的黏糊糊的花粉和花蜜。接下来，它会用泥土把卵封在巢里。之后，它会又一次采集花粉、花蜜，产卵，收集泥土，封住巢穴。"它们真的是伟大的泥瓦匠。"布莱恩赞叹说，他向我描述了壁蜂是如何将泥土或黏土混合到合适的稠度，并通过上颚、前足和腹部的协调性运动来对泥土进行塑形和抛光的。"我把蜂巢拆开，放在显微镜下观察，"他继续说，"巢的内壁非常光滑。"

现在，80多岁的布莱恩又一次退休了，他把大部分精力都投入新的爱好上，那就是制作尤克里里。（曾经经商的他已经向世界各地的玩家和收藏家卖出了80多把琴。）但他的花园里仍养着一群壁蜂。一个阳光明媚的春天，我们坐在那里看着辛勤工作的壁蜂，我丝毫没有感到他对此失去了热情。他的声音深沉、浑厚，眼神清澈，只有一头白发表明他年事已高。他仍然精力充沛，这一切都源于好奇心。"让我们看看壁蜂妈妈是否能找到它的孩子。"

他一边说，一边重新布置了两个巢箱。不一会儿，几只迷茫的壁蜂在空架子上徘徊，它们的巢原本就在那儿。虽然个体信息素的独特气味可以告诉壁蜂哪个洞是属于它们的，但它们还是要依靠视觉标志和空间线索找到巢穴的大致位置，这是一种泥蜂祖传的习惯。虽然这些壁蜂最终可以分辨出几英寸的小变化，但它们无法辨认出更大的变化。

我禁不住为那些迷失方向的壁蜂妈妈感到难过，尽管我知道不管布莱恩把它们的巢迁移到哪里，它们都不会一直追寻着自己的孩子。对于像壁蜂这样的独居物种，繁殖过程发生在巢穴被泥封住之时。之后，雌蜂会头也不回地离开，去建造下一个巢穴，把它装满食物，产卵，再用泥土封住巢穴。在天气晴朗、花朵盛开的日子里，一只雌性壁蜂可以繁殖和供养30多枚卵，直到它精疲力竭。有一次，我在果园里发现了一只筋疲力尽的雌蜂，我把它放在一个新筑巢区的顶部。这是一个完美的栖息地——阳光充足，周围是果树，旁边是一片泥泞的土壤。但这只雌蜂摇摇晃晃走了几步，疲倦地盯着一排排空洞，之后就掉在草地上死去了。

几周来，壁蜂在我们眼前飞来飞去，它们的生活看起来短暂而疯狂。但在它们安静、黑暗的小土坯“公寓”中，在那个我们看不见的房子里，它们秘密生活和休息了几个月。在布莱恩家花园墙上的巢中，壁蜂的卵早就开始孵化了。如果一切按计划进行，这些小宝宝会在整个春天和夏天食用妈妈提供的食物，慢慢长大，并织成多层的茧。毛毛虫蜕变为成虫或蝴蝶的过程众所周知，和它们一样，蜜蜂一生中也会经历一次完全的蜕变。[2]在这些坚硬、防水的茧中，壁蜂的身体从粗壮的白色幼虫变成了有翅的成虫形态。然后，它们在秋天和冬天蛰伏，直到第二年的春天把它们唤醒。[3]这意味着，在一年中的任何时候，几乎任何地方都有独居蜂。它们要么四处飞舞，要么蛰伏在隐蔽的小洞或裂缝里。对喜欢壁蜂的人来说，这个想法令人愉快，但这并不意味着窝里的生活总是平静而和谐的。

“我很高兴你能来帮我做清理工作。”布莱恩尴尬地说，“今年我真的想要放弃了。”在我看来，布莱恩的花园里好像到处都是壁蜂。但布莱恩摇了摇头说：“看看那些失败的例子你就知道了。”他拔出纸制巢管，它们的泥帽仍完好无损，时节已到，所有健康、成熟的壁蜂本应啃出通往外界的路了。但显然眼前的巢穴是失败的，这种蜂巢中的壁蜂已被螨或真菌感染，有时候情况甚至更糟。

“在那儿！”布莱恩指着一个穿透了纸制巢管侧面的一个小圆孔说。“你了解齿腿长尾小蜂吗？”他边问边在里面翻找。然后他伸手把一个呈金属蓝色的小生物放在我的掌心里。通过便携式放大镜，我看出这是一只泥蜂，它比米粒还小，体表闪烁着彩虹色。我将它前后倾斜，在阳光下它的颜色从蓝色变成了绿色和金色。它看起来像珠宝商的宝贝，可以说是昆虫中的“法贝热”。但是，这个小东西和其他类似的东西对壁蜂来说是致命的威胁。

“它们在这个季节的末期出现。”布莱恩一边说，一边继续整理壁蜂巢穴。对齿腿长尾小蜂而言，它们没有早来的必要。事实上，雌性齿腿长尾小蜂通过嗅闻壁蜂茧的气味和积存的粪便，得知巢中的壁蜂幼虫已经长得又大又胖了。接下来发生的一幕堪比恐怖电影中的可怕情节。在确定一个目标巢穴后，齿腿长尾小蜂会将它的针状产卵器插入壁蜂巢穴，刺穿壁蜂茧，把卵产在壁蜂幼虫身上。在孵化过程中，齿腿长尾小蜂会生吞宿主，将壁蜂巢据为己有。吃饱后，齿腿长尾小蜂幼虫会像壁蜂幼虫一样把茧当作一个隐蔽的休息和变态的场所，最后辟出一条路来获取自由。

这让我想起了迈克尔·恩格尔的一句话："围绕膜翅目的主题就是寄生。"[4]他告诉我，膜翅目包括蜜蜂、胡蜂和蚂蚁等。他解释说，这种习性早就有了，而且很常见，是群体生活的主要方式，以寄生蜂为代表。昆虫学家将以吞食或其他方式损害宿主的膜翅目昆虫，比如齿腿长尾小蜂，称为"拟寄生物"。几乎所有壁蜂都要与至少一个这样的物种抗争，不仅如此，壁蜂还面临着来自同类的背叛。

"也许我们会看到一只盗寄生蜂（cuckoo bee）。"布莱恩边说边抬头看着在我们头顶上嗡嗡叫的蜂群。壁蜂巢已被整理得井然有序，我们站在花坛边上观察。壁蜂属于一个大家族，其中包括收集绿色植物碎片的切叶蜂，以及使用植物绒毛装饰巢穴的黄斑蜂（wool-carders）。尽管身体构造可能有所不同，但这个家族的所有成员都是用同一个部位——腹部携带花粉的。所以，每只雌性壁蜂看起来都像系着一条色彩鲜艳的小围裙，有黄色、橙色、粉色、红色、紫色，具体取决于它光顾的花朵的类型。这种习惯使它们区别于几乎所有其他蜂类，它们满载花粉的样子看起来就像穿了一条高高的长筒袜。然而，为了找到盗寄生蜂，布莱恩和我需要一只身上完全没有花粉的壁蜂。

英语中“cuckoo”一词来源于自然界，它是中世纪的法国术语，旨在模仿杜鹃的鸣叫声。杜鹃最臭名昭著的行为就是在其他鸟类的巢中产卵，[5]这一策略使它们摆脱了抚养后代的义务，因为宿主鸟会把杜鹃的后代当作自己的孩子来养育。盗寄生蜂也有类似的行为，它们不需要花时间采集花粉和花蜜，而只需要迅速进入其他蜂类的巢穴中产卵。如果这种诡计没被发现（大多数卵都伪装得很好），宿主蜂就会替它完成养育后代的工作。卵孵化后，寄生的幼虫会用一对特殊的镰刀形上颚杀死宿主的幼虫，[6]然后堂而皇之地享用花粉和花蜜。

当我问世界上的盗寄生蜂占多大比例时，迈克尔·恩格尔回答说：“至少有20%……也可能更多。”像独居习性一样，盗寄生性也被列为蜂类进化过程中不被称颂的成功故事之一，这一点可以通过它出现的次数来衡量。尽管很难精确计算，但在蜂类下属的7个科中，至少有4个科（包含数千个物种）是通过盗寄生性方式生存的。因为这些物种不需要采集花粉，它们经常不具备绒毛和其他类似蜂的特征，难以辨认。由于寄生蜂经常专攻一个或几个密切相关的物种，所以它们通常在宿主周边生活。新的蜂类物种不断吸引着新的盗寄生蜂，为蜂类的进化故事增添了迷人的多样性和复杂性。

布莱恩·格里芬和我从未在壁蜂中发现盗寄生蜂。在我们头顶盘旋和飞行的壁蜂都系着金色的花粉围裙，有时它们的上颚会夹着光滑的泥球。但是，如果我们观察一整个季节而不是一个下午，那么我们肯定会发现盗寄生蜂（被稳定的食物来源和它们后代需要的干燥“住所”吸引而来）。它们与齿腿长尾小蜂等盗寄生蜂一起，把看似简单的独居蜂巢穴变成了竞争异常激烈和充满危险的地方。在不急于觅食的时候，壁蜂会全力保护它们的巢穴并应对这些威胁。往里看，你经常会看到壁蜂妈妈那双毛茸茸的眼正怒视着你。就像法老墓的入口一样，它们还会用厚泥块封住洞口。而且，壁蜂会把它们最宝贵的财富藏在巢穴最深处。

在参观布莱恩的工作室时，他告诉我，“6英寸的纸制巢管最管用。”他对自己多年来尝试过的一系列设计进行了总结，“再短一点儿，就会有太多的雄蜂。”

这个奇怪的说法揭示了关于壁蜂的基本生物特性：雄性壁蜂不宜太多。像蚂蚁、胡蜂和其他昆虫一样，雌蜂也可以预先决定其后代的性别：受精卵成长为雌性，未受精的卵则成长为雄性。它们在交配过程中会将精子储存在靠近卵巢底部的一个特殊的囊中，并通过这个囊来控制这种性别的转换。这个系统让雌性壁蜂掌握了主动权，它们会将宝贵的雌性后代安置在巢穴的深处，任何寄生虫（或饥饿的盗寄生蜂）只有排除万难才能找到它们。布莱恩的一个展示性的玻璃蜂巢完美地呈现了这一情况：巢穴深处的雌性壁蜂孵化点得到了精心呵护，里面装满了花粉，[7]比入口附近的雄性孵化点多了一倍。对于任何想建造蜂巢的人，这个巢穴都提供了适当的参考。对雄性壁蜂来说，这体现了一个冰冷的逻辑：只要有足够的雄性存活下来用于繁殖，其余的雄性就可有可无了。作为回报，那些能活到春天的雄性都过着相对轻松的生活。它们的位置决定了它们羽化的顺序，一旦到了外面，它们就会在巢穴附近闲逛，然后扑向它们能找到的所有雌性并与之交配，通常是在那些雌性壁蜂从巢穴里爬出来的瞬间。因为这项任务，雄蜂会在它们生命中余下的几天里紧张慌乱，雌蜂则忙于为下一代准备食物。

图3–2 从这幅壁蜂的蜂巢剖视图可以看出，最深处的雌性孵化点食物储备充足，而入口附近的雄性孵化点更小，也更容易被寄生（ILLUSTRATION © CHRIS SHIELDS）

虽然不同蜂类的巢穴和其他习性各不相同，但壁蜂的基本生活方式与世界上几乎所有的独居蜂都相似。有些物种在坚硬的土壤或沙地上挖洞，另一些则使用空心树枝、松果或树皮上的凹槽作为巢穴。我也曾发现壁蜂在堆肥堆、人行道裂缝、柴火、岩石堆、收拢的雨伞和冲浪板的缺口处筑巢。有一种印度尼西亚壁蜂会在活跃的白蚁堆里筑巢，有一种伊朗壁蜂会把粉色和紫色的花瓣小心地粘在一起作为巢穴，有20多个欧洲和非洲壁蜂专门在废弃的蜗牛壳中筑巢，还有两种北美品种会在风干的牛粪中筑巢。[8]但是，不管它们在哪里筑巢，这些壁蜂都遵循着相同的生命周期：羽化、交配、筑巢、采集食物和产卵。而且，它们都是盗寄生蜂和其他寄生虫的宿主，这意味着任何一个巢都可能产生多种壁蜂、胡蜂、苍蝇，甚至是甲虫。孤独的生活方式虽然是成功的，但也是危险的。寄生和捕食的持续威胁可能有助于解释壁蜂特征的演变：一些壁蜂物种选择放弃独居生活。

“这个问题一直没有得到解答，”布莱恩·格里芬在下午快要结束的时候对我说，“如果这些壁蜂是独立的，为什么它们还要聚集在一起？”他带我看了他前门附近石壁上的几处裂缝，有几只壁蜂在那里独自筑巢。但绝大多数壁蜂总是聚集在一处，无论他如何摆放巢块。“它们似乎就是想待在一起。”他沉思道，“为什么会这样？”

对一些壁蜂来说，拥挤是栖息地有限带来的必然结果，毕竟找到合适的巢穴、悬崖或裸露的土壤并不容易。但至少我们可以用生物学中的传统观点“数量越多越安全”来解释一部分原因。例如，如果你是一匹斑马，你从一头潜伏在草地上的饥饿狮子旁边走过，你就会变成一匹死斑马。但是，如果你和一群斑马走在一起，你的生存机会将大大增加。可以说，群聚降低了斑马个体的死亡风险。[9]对于独居的壁蜂，逻辑是相似的。壁蜂聚集在一起筑巢，有助于分散盗寄生蜂和其他寄生虫带来的危险。但真正有趣的是，当独居的个体连续几代聚集在一起时，它们相似的习性又将产生新的行为。有些物种，比如蓝果树蜂，一直坚持独居的生活方式——每个巢穴只生活一只雌性；有些物种则会尝试合作，比如偶尔共享巢穴和食物、共同育儿和集体防御，最终产生了“真社会性”物种，比如我们最熟悉的蜜蜂。如果这个领域最杰出的思想家的观点是正确的，我们对这种生活方式的了解就会更深入。

图3–3　聚集在一起的筑巢可能会为原本喜欢独居的壁蜂提供一些群居动物具备的优势：降低被捕食的风险、群体防御，以及在新的环境中激发出进化潜力。出自埃尔布里奇·布鲁克斯的《动物行动》(1901)(WIKIMEDIA COMMONS)

在2012年出版的《征服地球的社会》一书中，哈佛大学生物学家E. O. 威尔逊提出了实现社会性的关键先决条件：连续几代生活在一起，分工，利他主义。只有几种生物满足这些条件，包括蚂蚁（威尔逊的专长）、白蚁及某些胡蜂和蜜蜂品种，它们在自然界中获得了非凡的成功。在这份短名单中，威尔逊加入了一个特别的物种：人类。他在一次采访中说："非洲的一种大型灵长类动物刚好进化为唯一一种最终满足了所有社会性标准的大型动物。"[10]

威尔逊的观点立即招致了批评，因为他把人类与昆虫、虾和裸鼹鼠等动物归为一类。但他并不是第一个指出人类与蜜蜂等生物的习性具有相似之处的人，从维吉尔时代开始，学者们就将蜂巢与人类社会进行类比。维吉尔在一篇关于蜜蜂的文章中写道："它们互相照顾，在一所房子里集聚，在法律的威严下共同生活。"[11]针对威尔逊观点的争论主要集中在关于社会性如何进化出来，他认为这种进化不只是像传统观点认为的那样是基于个体的生存，它也会通过自然选择作用于整个群体。这种思维方式为利他主义提供了直观的解释，但与"适者生存"的理论不一致。如果对整个群体有利，利他主义行为仍然会持续下去，甚至有所发展。威尔逊的模型基于一个相关性的数学公式（只有当利他主义对近亲有足够的好处，以至于超过其可观的个人成本时，它才会在基因库中持续存在），但他始终未能成功验证他的观点。要解决这个问题很难，但有一点已达成一致：如果你想在实践中研究社会性生物的进化，蜜蜂是最完美的研究对象。

对其他主要的群体动物来说，进化到社会性生活的阶段在遥远的过去只发生过一次，其后代或多或少都以这种方式生活。白蚁是在1.4亿年前由像蟑螂一样的独居祖先进化而来的，不久之后，蚂蚁又从独居的胡蜂祖先进化而来。现在，它们总共产生了大约25 000个高度社会化的物种。如果我们接受威尔逊的假设，这就意味着灵长类动物早在300万年前就已跨过了社会性门槛，而且再也没有回过头。然而，对蜜蜂和某些胡蜂来说，情况却大相径庭。伟大的昆虫学家查尔斯·米切纳经过毕生研究，对这个问题谨慎地指出："很明显，目前还没有答案。"[12]蜜蜂以及它们之间的关系显然是社会性的，但其他群体似乎曾经也具有社会性，但后来又舍弃了。还有一些则徘徊在中间地带，难以区分。事实上，在一个季节当中，一个群体甚至一只蜜蜂的社会地位都有可能发生变化。“这是一个错误的问题。”米切纳总结道。他认为应先回到根本问题上：为什么蜜蜂从一开始就表现出令人眼花缭乱的社会性行为？

如果我早几年就开始写这本书，我就可以直接问米切纳这个问题了。他不仅平易近人，而且全身心地投入研究，但他已经在2015年去世了，享年97岁。于是，我一次次地找寻与米切纳有联系的人和事。这有点儿像“凯文·贝肯的六度理论游戏”，即用至多6个步骤把任何一个人与凯文·贝肯的电影联系起来。事实上，与查尔斯·米切纳建立联系并不复杂。我已经和他的两个研究生谈过了（米切纳在20世纪50年代是杰瑞·罗森的博士委员会成员，在20世纪90年代是迈克尔·恩格尔的博士委员会成员）。现在，我又向前迈进了一步，拜访了他的一个学生的学生——塞恩·布雷迪（Seán Brady）。布雷迪是一位知名昆虫学家，在他还不了解社会性进化之前，他就一直在思考社会性进化的问题。

“我的第一学位是历史和语言学。”塞恩·布雷迪告诉我，并讲述了他曾经对人类社会发展的痴迷。他在读了一本关于蚂蚁的书后把注意力转向了昆虫，并且意识到人类对蚂蚁的进化及其复杂的社会性起源知之甚少。“我想我可以做得更好！”他回忆说。于是他决定研究蜜蜂，并跟随米切纳的学生布莱恩·丹福思在康奈尔大学做博士后研究。现在，他在华盛顿史密森自然历史博物馆工作，并得到了观察汗蜂的机会，它们独特的社会性正是查尔斯·米切纳的激情的源泉所在。

“我想知道米切纳有没有收集过这些。”他凝视着一个装满蜂类标本的盒子说。我们站在几排高高的白色橱柜中间，橱柜沿着铺设在地板上的轨道移动。虽然人只能在一个狭窄的通道中行走，但这种设计使房间的容量扩大了一倍——当组织和储存的蜂类标本超过3 500万个时，这可以大大地节省空间。尽管它们是世界上最具规模的昆虫藏品之一，但这些蜂实在太小了，完全无法用别针固定。它们的身体被小心翼翼地粘在别针的侧面，成排摆放。就连米切纳也承认它们的外表“在形态上是单调的”，[13]但这些蜂的生活方式与众不同、别具一格。

“气候影响着它们的社会性。”塞恩向我解释了我们观察的某些蜂类物种为何在北部较冷区域大多独自生活，在南方则大多群居（温暖的天气延长了筑巢季）。后来，他给我看了一张热带蜂类物种的照片。在那张照片中，雌蜂生育了几只小雌蜂，这些后代成为母亲在蜂巢里的帮手。另外，它还生育了一些体形更大且营养状况良好的雌性后代，以便四处繁殖。在其他情况下，一只雌蜂会在繁殖季初期养育出一批社会性的雌性后代，然后死去，它的后代则继续繁殖下去，四处建立新的巢穴。虽然没有一只汗蜂能建立像蜜蜂那样精细的社会性蜂巢，但数百个蜜蜂物种都表现出利他主义和世代重叠的特征，这是真社会性的标志。了解蜜蜂的进化史有助于我们解释为什么蜜蜂比其他昆虫发展出了更广泛的社会性行为。

“这与它们的筑巢行为有关。”当我问为什么他的汗蜂如此热衷于社交时，塞恩这样回答我。他接着解释说："它们的筑巢地点有限。"这迫使它们生活在一起，并学会如何和睦相处。虽然这种集体生活很重要，但不一定会产生社会性。也许最关键的因素不是互不相关的雌蜂之间如何互动，而是它们的雌性后代会做什么。什么样的冲动会驱使它们，至少在某些情况下，留下来照料巢穴，而不是四处繁殖？塞恩认为，社会性行为的起源不可捉摸，但这种与泥蜂、蚂蚁相似的繁殖系统有可能促使社会性行为的产生。由于雄蜂可来自未受精的卵，它们会携带较少的遗传变异性，使得巢中的所有雌性后代之间都存在特别亲密的亲缘关系。[14]从基因上讲，这可以给利他主义行为更大的回报——帮助你的母亲或姐妹哺育下一代，让你的更多基因传递下去，即使你自己已丧失了繁殖机会。

塞恩后来说："这些蜜蜂的社会性忽隐忽现。"他注意到，2 000万年前，这种行为曾出现过两三次，并传播到这个家族中最大的两个属中。但后来，它们的后代陆续失去了社会性，回归孤独的生活方式。这种情况与其他昆虫有着明显的不同，比如蚂蚁和白蚁，后者的群居行为一经形成，便固定下来。塞恩在一篇与他人合著的重要论文中提出，汗蜂刚刚参与社会游戏，所以它们的习性还在不断变化（从进化的角度看，2 000万年并不算长）。"另一方面，可能也有一些我们尚不知道的事情。"他沉思着，眼睛闪闪发亮。看着塞恩思考，你会很明显地感觉到他是一个真正的科学家，他对相反的论点十分狂热，就像一名律师总是情不自禁地挑自己案件的毛病。"也许答案就在它们的基因数据中，一些变异导致了它们的社会性灵活多变。”

我们从收藏昆虫标本的地方来到他的办公室。这是一间未做装饰的房间，窗户对着一堵空墙，到处可见研究的迹象：一箱箱标本，架子上摆满小瓶子，桌子和椅子上堆满了纸张。靠墙的架子上堆放着许多书和箱子，还有两个吹风机（这是处理潮湿或不整洁的蜜蜂标本的必备工具）。塞恩看上去有点儿疲惫，在我们谈话的时候，他揉搓了几次眼睛。负责一个大型昆虫学部门的行政工作占用了他越来越多的时间，最近他不得不取消了一次期待已久的南非昆虫标本采集之旅。但当我问他的研究小组在做什么时，他立即恢复了精神。他们正在做一个雄心勃勃的遗传学项目，分析了有关蜜蜂和泥蜂的大量数据。根据化石证据，他们绘制出蜂类家族的谱系，揭示了各种蜜蜂及其社会性是如何以及何时发展出来的。“我们就像19世纪的博物学家，”他描述了新基因工具的潜力，“正在进行一次大型探险活动。”

我从塞恩这里收获了很多信息，但仍然对蜜蜂的复杂的社会性感到困惑。也许查尔斯·米切纳是对的：最好的答案就是不断提问，而这正是塞恩和其他专家在做的事情。也许有了遗传学和更多的化石，蜜蜂走向（或舍弃）社会性的道路将变得更加清晰。就目前而言，我们已经清楚地知道，当独居蜂把巢筑在一起时，它们就可以自由地相互交流，但通常什么事都不会发生。只不过有时它们也会展开合作，有时下一代雌蜂会待在巢里帮助上一代雌蜂。如果第一步的尝试成功了并带来更多的成果，那么影响力将是惊人的。

在博物馆繁忙的二楼，我看见成群结队的学生和排队等候进入蝴蝶馆的人群。最后，在一个靠近角落、叫作昆虫动物园的房间墙上，我发现了一个小小的蜂巢，里面住着人们心目中社会性程度最高的昆虫——蜜蜂。许多研究人员撰写了大量的书籍和论文去描述蜜蜂的习性——蜂王让自己的雌性后代各司其职，分别从事觅食、保护、清洁、产蜜和照料后代等工作。当时已经是12月了，蜜蜂显然已被转移到其他地方，只剩下几只死去的工蜂和一些干燥的巢室。但之前在夏天来参观时，我看到蜜蜂不辞辛劳地飞进飞出，穿过一根连接到室外的长有机玻璃管，到达占地300英亩[①]、鲜花盛开的美国国家广场周围。有了如此丰富的花粉和花蜜，一个蜂巢可以繁殖5万多只蜜蜂，这完美地证明了其社会性的存在。在南欧、亚洲、非洲、澳大利亚和整个热带地区生活着11种蜜蜂及与其密切相关的数百种无刺蜜蜂，它们的生活方式各不相同。无论它们在哪里出现，无论是驯养的还是野生的，这些高度社会化的蜜蜂都是大自然中最常见的物种，是重要的传粉者和蜂蜜生产者（对行窃的鸟类、哺乳动物以及蜂巢而言，蜂蜜是很好的养料）。威尔逊认为这种巢穴或蜂巢是蜂王生命的延伸，社会生物学家称之为“超级有机体”。

基于此，社会性在进化之路上不止出现一次也就不足为奇了。进化是一个不断革新的过程，虽然是在不同的情况下，却一次次地得到相同的解决方案。蜜蜂生活在多样性的环境中，不同

① 1英亩≈0.004平方千米。——编者注

程度的独居、群居和社会生活都能提供一些益处。随着时间的推移，蜜蜂在这些生活方式之间来回摇摆，试图找到可以充分适应各种情况的生活方式。这似乎都说得通，但还存在一个根本性问题。既然蜜蜂如此成功，成千上万种不同的蜜蜂在世界各地的生态系统中扮演着至关重要的角色，那么它们采食花粉的习性为什么没有再次进化呢？在数百万年来的所有食肉泥蜂中，为什么只有一个群体发生了向素食生活方式的关键转变？我决定把这个问题交给迈克尔·恩格尔来回答。

他热情地向我推荐了一篇关于斯里兰卡山上一种像蜂类一样生活的泥蜂（克氏泥蜂）的论文。虽然这篇参考文献是在20年前发表的，但很少被引用。在不懈的努力下，我幸运地找到了其中一位著者。她给我讲了一个英勇的科学发现的故事，结局是他们发现了一个新物种，该物种的行为和其他已知的泥蜂都不同。与此同时，她的故事也揭示了关于蜂类的进化及其赖以生存的花朵的一些重要信息。

# 蜜蜂与花

你肯定知道，没有花的话，蜜蜂就不可能存在。但没有蜜蜂的话，许多花也不可能存在，这一点你知道吗？

——查尔斯·菲茨杰拉德·甘比尔·詹尼斯牧师，
《一本关于蜜蜂的书》（1888）

# 第 4 章

# 蜜蜂和花的特殊关系

如果植物学家想知道花什么时候开、什么时候落，

那么他应该去研究蜂类。[1]

*

亨利·大卫·梭罗（1852）

1993年夏，斯里兰卡基里马尔的雨季来得晚了一些，郊外的路泥泞不堪、无法通车。“如果你想在雨天出行，”贝丝·诺登（Beth Norden）回忆说，“你要么骑大象，要么走路。”

出乎意料的天气打乱了她的计划，她不得不缩短旅程。在那疯狂的几天里，她把树枝剪下来，塞进用完的洗发水瓶子里，留待日后分析。1997年她在富布赖特奖学金的资助下回到这里，当时又下了一场雨，但那时的她目标明确。“当我们逐渐弄清楚发生了什么时，我们认为，‘没人会相信我们——他们只会认为我们在编故事！’”

贝丝把树枝带到了她在美国史密森自然历史博物馆的实验

室，它来自一棵豆科植物，这种树对蚂蚁很友好。它在靠近枝梢的地方为蚂蚁提供空心的筑巢场所，并提供充足的花蜜供蚂蚁食用。作为交换，蚂蚁会保护这种树免受以树叶为食的昆虫的侵害。（这种树的聪明之处在于，不仅其花朵会渗出花蜜，花蕾和嫩叶的腺体也会渗出花蜜，从而将蚂蚁吸引到这种树最易受到攻击、最脆弱的地方。）贝丝打开中空的枝条后，不出所料，她在里面发现了蚂蚁，还有蜘蛛、弹尾虫、蜂、寄生蝇，以及一只罕见的颜色鲜艳的泥蜂。

“泥蜂幼虫是黄色的，长得就像它们食用的花粉一样。”她告诉我，并解释了泥蜂幼虫是如何从它们的食物中获取色素的。但她的同事、项目导师卡尔·克龙拜因（Karl Krombein，已故）曾对此表示怀疑。经过几十年的研究，卡尔·克龙拜因享誉泥蜂学界，堪比蜜蜂分类界的查尔斯·米切纳。他发现并描述了许多斯里兰卡的新物种，但眼前的这一物种他从未见过。这些巢穴里没有任何节肢动物残骸的痕迹，显然，那些幼虫都不以被麻痹的苍蝇和蜘蛛为食。随后他们发现了另一条线索：一只雌性泥蜂口器周围的绒毛上粘着花粉粒。最后，对幼虫粪便的显微分析显示，幼虫消化后的物质中含有丰富的花粉残留物。就像白垩纪的第一只原始蜜蜂一样，贝丝和卡尔发现的泥蜂是一种已经放弃狩猎的肉食性泥蜂。

当我打电话给贝丝询问此发现时，她谦虚地告诉我：“我们只是占了天时地利的优势。”她早就退休了，但她似乎很愿意谈起以卡尔和她的姓氏命名的克氏泥蜂。“我认为它们原来就擅长在树上筑巢，”她沉吟着说，“然后就有了各种各样吃花粉的理由。”在枝头建立巢穴后，泥蜂会发现它们周围都是花蜜，在开花季节还会有丰富的花粉，这使得放弃狩猎的泥蜂可以在一棵树的树冠内完成整个生命周期。贝丝怀疑其他树上没有这种泥蜂，这也许可以解释为什么卡尔在之前的14次斯里兰卡之旅中一次也没有见过这样的泥蜂。而且据贝丝所知，从那以后再也没有人找到过它们。（把贝丝和卡尔留下的数千根空心树枝劈开，只发现了9只成年泥蜂，实在是太少了！）

贝丝的泥蜂故事让我们不由得做起了比较并产生了质疑。对蜜蜂的祖先泥蜂来说，饮食方式从肉食转向素食让物种获得了充足的多样性。那么，为什么克氏泥蜂也做出了饮食上的改变，物种数量却仍然如此稀缺呢？可能是因为它们的祖先较晚才开始食用花粉，物种的繁衍生息还需假以时日。当然，克氏泥蜂表现出许多与早期蜂类有关的特征和行为：体形小而独居，采集特定的花粉。（有趣的是，克氏泥蜂也显示出社会性进化的早期迹象。雌蜂把所有幼虫都放在一个开放的巢穴中养育长大，为后代提供了交流和合作的机会。）食用花粉的泥蜂在进化过程中偶尔也会出现，但不会引起太大的动静。贝丝说：“我毫不怀疑还有其他人在做同样的事情，只是我们不知道。”

事实上，还有另一种植食性泥蜂和克氏泥蜂一样神秘。胡蜂科家族最典型的特征是蜇人和身体呈黄色，但这个家族也有一些只吃花粉的胡蜂，它们的进化之路与蜜蜂类似。这些“花粉胡蜂”[2]在世界范围内有几百个品种，但从未获得显著的生态位。少有人见过这个种群，即使有人见过，也不一定会认出它们。仅凭植食性饮食方式无法解释蜂类的崛起，它们的成功主要源于食物对它们的影响，以及它们如何反过来影响植物。

英国前首相丘吉尔在1946年春天的一次演讲中使用了“特殊关系”这个词。[3]这是一篇关于世界事务的经典评论，“铁幕”一词也源于此。丘吉尔用“特殊关系”一词指代将英国和美国紧密联系在一起的文化、经济和军事利益。这是一个特殊的联盟，凌驾于两国的所有其他外交关系之上。动植物之间也存在特殊关系，即产生非同寻常结果的生态联系。随着时间的推移，这些相互作用可能引发动植物的协同进化，改变进化之舞中不同舞伴的遗传特征。教科书经常把这一过程描述为一种匹配或互补，但它其实更复杂，涉及多个物种和各种环境的影响。生态学家约翰·汤普森（John Thompson）给我介绍了一个生动描述这些相互作用的术语——“协同进化旋涡”，[4]即在更大的进化洪流中形成的旋涡。尽管有其复杂性，但人们常常通过在主要参与者身上发现的相对直接的信号来识别协同进化，比如更快的羚羊总是与更快的猎豹共同进化。对蜂类来说，它们与花共同进化的最显著结果就在于它们的绒毛。

蜜蜂的绒毛（fuzz）常出现在英文童谣中，因为它和蜜蜂的另一个特征——嗡嗡声（buzz）是押韵的。科学家也常常依靠绒毛来识别和描述他们研究的蜂类，只要看一眼它们体表的绒毛，就足以将蜜蜂与胡蜂区分开，尤其是在放大镜下，蜜蜂绒毛的特征变得更明显。对胡蜂来说，分布在它们光滑体表上的稀疏绒毛看起来很简单，[5]像短而尖的线。而蜜蜂体表的绒毛则相对复杂，其中有些像羽毛一样有分叉。就像鸡毛掸子可以很快地掸下架子或灯罩上的灰尘一样，蜜蜂的绒毛便于收集花粉——复杂的表面给花粉粒提供了可依附的角落和缝隙，极大地提高了蜜蜂的传粉效率。为了验证这个想法，我建议做一个简单的实验，只需要一些小麦粉、可精确计量的秤和两只合适的昆虫。

图4–1　熊蜂在一朵金光菊上觅食，它的身体被花粉覆盖。在下面的扫描电子显微镜图像中，单个花粉颗粒附着在蜜蜂特有的分叉绒毛上（上图来自RICHARD ENFIELD; 下图来自UNIVERSITY OF BATH, UK）

史密森自然历史博物馆等会给针插昆虫标本贴上标签，保存在密封的柜子里，防止湿气、害虫、真菌或其他威胁。我一般用冰柜保存标本，虽然冰柜是为冷冻零食和啤酒而设计的，但密闭性良好的中等大小的冰箱（和几颗樟脑球）也能很好地保护昆虫标本。我的实验只需要两个样本：一个是我在砾石坑里观察过的沙蜂种群中的泥蜂，一个是大小与之相似的熊蜂。这两只昆虫并排放在我的办公室工作台上，十分相像。很明显，这只蜜蜂从它的泥蜂祖先那里继承了一些特征——基本体形和精致的翅。泥蜂的身体看起来长而光滑，只在背部和足上有零星的柱状绒毛，而蜜蜂体态粗壮，长着浓密的绒毛，像冬季的哺乳动物一样。（从心理上讲，这可能是人类与蜂很亲近的另一个原因：有些蜂类看起来像我们的宠物。）在秤上仔细称量了每只昆虫后，我在培养皿的底部铺上面粉，把它们都放了进去。

我的实验结果提供了令人惊讶的丰富信息：面粉形成了白色小块，粘在昆虫的绒毛上，就像真的花粉一样。果园主对此了如指掌，他们通常将面粉和花粉按9∶1的比例混合，对椰枣、开心果或其他树木进行人工授粉。我把蜜蜂从培养皿中拿出来：面粉覆盖着它的身体，就像商场圣诞树上装饰的假雪，完美地点缀着每只足，也覆盖着从头部到腹部的每簇绒毛。我轻轻地掸了掸蜜蜂，然后吹了一下，但大部分面粉还是留在它的身上。按比例计算，蜜蜂的体重增加了28.5%，相当于一个普通人背着50磅（23千克）的背包。对一个僵硬、没有生命的标本来说，这是不小的收获，而活的个体能做得更好也就不足为奇了——野生熊蜂被捕获时身上携带的花粉量超过了它们体重的一半。当我仔细观察眼前的泥蜂时，发现它身上也有一层面粉。但如果将蜜蜂的面粉负载量比作下大雪，那么泥蜂的负载量只能算一点儿薄雪，肯定会让滑雪爱好者、滑雪运动员或那些希望下大雪的孩子失望。泥蜂只有腹部和足上的刚毛粘了些许面粉，大部分身体看起来都非常干净。我的体重秤可以精确到百分之一克，称量结果显示泥蜂的体重几乎没有增加。

从自然界最重要的统计数据中可以看出，分叉绒毛的产生为蜜蜂提供了一个优势——它们的幼虫可以获得更多的花粉作为食物。花粉散布在蜜蜂的身体表面，其中一部分花粉可能会落在其他花朵上。长有绒毛的身体在很大程度上解释了蜜蜂物种为何繁盛，其他植食性泥蜂则做不到。贝丝·诺登确实在泥蜂口器周围的绒毛上发现了花粉，但她怀疑它们只是简单地先吞下花粉，再把它吐到巢中，因为专食花粉的泥蜂就是这样做的。这种习性可以让幼虫得到食物，但也使得外部性状的形成没有了必要，比如分叉绒毛，而这会严重限制它们的传粉能力。毕竟，从植物的角度看，吸引那些身体光滑而不携带花粉的“游客”有什么意义呢？泥蜂不太在乎植物的感受，所以它们偶尔才会在授粉过程中成为积极的参与者。[6]花的投资——植物为蜜蜂提供花蜜和花粉——使得这种协同进化的关系成为可能。在19世纪中叶，这种关系产生的结果构成了科学界无法解释的难题。

蜂类很少有化石记录，但开花植物在晚白垩纪化石中较为常见。因其丰富的多样性，它们的存在是对查尔斯·达尔文的渐进式进化概念的挑战。达尔文在写给植物学家约瑟夫·胡克的信中称开花植物的兴起是一个“恼人之谜”。但很少有人知道，他在信中还提到了法国科学家加斯顿·德·萨波尔塔（Gaston de Saporta）的看法：“只要出现经常光顾花朵的昆虫，高海拔植物的进化速度就十分惊人。”[7]达尔文与萨波尔塔通信多年，他们一致认为如果植物确实进化得很快（达尔文认为这种可能性较大），萨波尔塔的昆虫理论就是最好的解释。最后，他们俩的结论都被证明是部分正确的。正如达尔文猜测的那样，开花植物确实在白垩纪之前产生，之后缓慢地进化了数百万年，直到繁盛。[8]但萨波尔塔的观察更为全面：昆虫（尤其是蜂类）和开花植物之间的协同进化关系帮助开花植物主宰了陆地植物种群，同时赋予了它们

图4–2　达尔文与法国博物学家萨波尔塔通信多年，萨波尔塔是第一位提出与昆虫协同进化加速了开花植物进化过程的科学家（WIKIMEDIA COMMONS）

许多显著的特征。如果没有这种相互作用，我们的花园、公园、树篱、草地的外观和气味就会截然不同。

当亨利·沃兹沃思·朗费罗（Henry Wadsworth Longfellow）描述花朵是湛蓝色和金色时，他可能并没有考虑蜜蜂的视觉感受器，但他深知在花朵中，这些颜色占据主导并非巧合。[9]它们正好位于蜂类的视觉光谱中心，花朵以此吸引蜂类帮助传粉。花瓣颜色的演变往往与植物的授粉策略密切相关，如果不需要吸引蜜蜂，芥菜、矢车菊等的花瓣颜色都将极其单调。[10]

花朵的气味也是一种与蜂类相关的常见特征，沃尔特·惠特曼在无意间发现一座美丽的花园“在日出时会散发出气味”。[11]许多花朵在早晨的那几个小时里确实会更香，因为随着温度上升，饥饿的蜜蜂变得很活跃，四处寻找充满花蜜的花朵。对植物来说，这是完美的授粉机会，也是宣传的好时机。如果这种平衡关系中没有蜂类，惠特曼可能会在月光下漫步时闻到虫媒授粉的花朵散发的难闻气味。或者，他可能根本不想在花园里漫步，因为大多数花朵都会散发出萜烯的麝香味和腐肉的气味，这些气味只会吸引苍蝇和泥蜂。（蜂类喜欢美好的气味，这是大自然最美丽的意外之一。）

除了颜色和气味，许多花朵的形状也与蜂类有关。虽然圆形的花朵通常能吸引各种采食花粉和花蜜的昆虫（包括蜂类），但多数精致的花朵都有其特定的昆虫访客。从昆虫的角度看，圆形花朵适合从任意角度或方向接近，很容易引来蜂群。如果莫奈想在他的向日葵画作中加入传粉者，那么他有很多种选择，比如蜜蜂、蝴蝶、泥蜂和甲虫。然而，圆形花朵在挑选传粉者以及散播花粉时很挑剔。豌豆花和金鱼草花都呈现出两侧对称性，人类的脸也表现为这种对称。花朵的这种设计创造了清晰的界面，要求授粉者以特定的方式进入。长此以往，花的各个部分就可以发展出各种各样的适应能力，方便特定形状和大小的昆虫在特定的地方散播花粉。但是，如果植物想让花粉很好地附着在其预期目标上，就只能利用这种集中的方式，这使得蜂类成为迄今为止两侧对称性花朵最常见的授粉者。与画向日葵相比，莫奈会发现在黄色鸢尾花上画传粉昆虫简直是小菜一碟，因为熊蜂是唯一能够胜任这项工作的昆虫。鸢尾花长有深且直立的花管，蜂只能先降落在一个特定的“平台”上，再通过一个较宽的充满花粉的雄蕊才能取到下面的花蜜。一位专家形象地描述说：“蜂类的背面严丝

图4–3　如果莫奈描绘的是真实的场景，左边的向日葵上就需要画一系列昆虫，比如蜜蜂、苍蝇、泥蜂、蝴蝶和甲虫。而对于右边的鸢尾花，他只需要画出熊蜂即可（WIKIMEDIA COMMONS）

合缝地贴合着花朵的角度。”[12]雌蕊则能确保蜂类将其花粉传播到它前往的下一朵鸢尾花的正确位置上。

花一次又一次地进化出独有的特征，以吸引特定的传粉者，植物学家称之为“传粉综合征”。这些特征可能包括花的大小和颜色等一般特征，也可能包括气味的化学成分或使花蜜变甜的糖类等具体特征。例如，蜂鸟喜欢红色、管状、花蜜富含蔗糖的花，比如金银花、薄荷、无花果、毛茛和槲寄生。蝙蝠（白色花瓣、夜间开放、花管浅）、蝴蝶（花瓣大、彩色、芳香）、有袋类动物（毛茸茸、粗壮、颜色单调）则分别喜欢不同类型的花。尽管总有例外，比如许多花会吸引多个群体，但授粉综合征对预测植物和动物之间的相互作用是非常有用的。例如，通过了解飞蛾对花的喜好，达尔文就能凭直觉推测出马达加斯加有一种吻舌特别长的飞蛾，而人们在40年后才发现了该物种。他从未到过岛上，但当有人送给他一株洁白芳香的马达加斯加大慧星兰时，一看到花中那一英尺长、充满了花蜜的距，达尔文马上就确定它几乎不可能由其他植物来授粉。他在写给约瑟夫·胡克的信中描述了这朵花，并补充道：“吸吮它的蛾得有多长的吻舌呀！”[13]

蜜蜂是所有传粉昆虫中最多样的物种，它们会光顾各种各样的花朵，被各种各样的形状和颜色所吸引，还经常偷偷爬上更适合其他昆虫的花朵。（例如，大多数蜂类都看不见红色，但它们可以根据形状及花朵与周围树叶的颜色对比找到蜂鸟花。）事实上，让蜂类感兴趣的花朵特征十分广泛，因此不可能简单地给“蜂类综合征”下一个定义。若没有蜂类，花朵就会失去它们的所有的迷人特征。这一事实对被困荒岛的水手来说显而易见，因为丹尼尔·笛福的小说《鲁滨孙漂流记》正是基于此创作的。

1704年，亚历山大·塞尔柯克（Alexander Selkirk）要求在胡安·费尔南德斯群岛登岸，他希望其他船员也一同抛弃那艘漏水且被虫蛀的船。[14]但事与愿违，他只好孤身一人登上到处都是岩石的岛屿，这座岛屿位于距智利海岸400英里的寒冷的南太平洋。塞尔柯克没有详细记录他那4年是怎么熬过来的，据报道称，他慢慢地适应了那里的生活，甚至可以赤手空拳捉住岛上的野山羊。如果塞尔柯克的采集技巧同样出色，他一定对植物种群也有了很好的了解，他可能会问为什么他看到的几乎每一朵花都又小又圆，而且是绿白色的。[15]

与其他偏远的群岛一样，胡安·费尔南德斯群岛也缓慢地被来自大陆的植物占据。尽管现在岛上有200多种植物，包括草原和森林，但唯一已知的蜂类是一种罕见的个头很小的汗蜂，据说来自智利沿海。它们还没有在授粉中发挥重要作用，这意味着从这座岛形成以来的数百万年里，那些依赖蜂类的植物要么尚未立足，要么被迫调整授粉方法——通过风和鸟类。令人惊讶的是，来自13个不同属的植物已经“学会”了这样做。一些花朵的花管变得越来越深，以更好地适应蜂鸟的喙，[16]另一些现在依靠风来传粉的花朵则产生大量花蜜，作为对蜂类的奖赏和回报。胡安·费尔南德斯群岛的植物种群是在没有蜂类参与的情况下建立并发展起来的，其单调的绿白色花朵向我们展示了一个没有蜂类的生物世界是什么样子的。但与此同时，新来的蜂类能够如此迅

图4–4 《鲁滨逊漂流记》中的插图描绘了繁茂的热带植物和盛开的鲜花包围着城堡的情景。然而，在笛福刻画的这座岛屿上，由于几乎没有蜂类，大多数花都很小，也很单调［Illustration by Alexander Frank Lydon. in Daniel Defoe, *The Life and Adventures of Robinson Crusoe*(1865). WIKIMEDIA COMMONS］

速地改变花朵的授粉策略，这在很大程度上说明了蜂类和花朵之间是如何相互作用的。

我们从这个问题中认识到，任何关于协同进化的讨论都很容易陷入哲学家所谓的“因果关系困境”：“先有鸡还是先有蛋？”对于蜂类和花朵，我们知道双方都已做好了共舞的准备。从蜂类进化的早期阶段开始，分叉绒毛就使得蜂类对花粉产生了兴趣。塞恩·布兰迪告诉我：“所有蜜蜂都有分叉绒毛，[17]所以它们一定是从最开始就出现在蜜蜂身上的。”从植物学角度看，植物长期以来一直通过昆虫授粉，用花蜜引诱潜在的授粉者。（一些古老的策略仍然存在，比如莫奈画的著名的睡莲，即使他的花园里没有蜂类，睡莲也会繁盛起来，因为它们的传粉昆虫还包括小型食花甲虫。）因为缺少化石证据，我们无法追溯这支“舞”最初是如何开始的，但现代研究表明，植物往往起主导作用。例如，研究人员将花朵的颜色从粉红色换为橙色后，只用了一代的时间，其传粉者就从熊蜂变成了蜂鸟。[18]关于南美矮牵牛花的一个类似实验表明，通过改变花朵单个基因的活性，传粉媒介就可以从蜜蜂改成鹰蛾，[19]反之亦然。这些发现说明花朵进化过程中的一个简单步骤的改变，就可能会对传粉者产生巨大的影响，这也改变了一些专家对蜂类与花朵关系的看法。

随便翻开一本生物学教科书，你会发现人们总是喜欢用华丽的术语描述授粉过程：花朵用花蜜“奖励”对它们“有益”的访客。科学家称之为“互惠主义”，在生物学上等同于双赢。但是，有些研究人员用更犀利的语言，比如“操纵”和“剥削”来形容这种关系，因为并不是所有花朵都出于善意为蜂类提供香甜的大餐。例如，花蜜对植物来说是昂贵的，它们不会像人类提供万圣节糖果那样慷慨大方。大多数花蜜都是按计划分配的，分配的位置和数量决定了蜂类到访和停留的时间。虽然花蜜中确实含糖，但这种甜度通常只会让蜂类愿意尝上一口，而不是喜爱。[20]（毕竟，蜜蜂自己也会酿造蜂蜜。）[21]植物对传粉范围的控制力和传粉方式的独创力令人震惊。有些植物的花蜜中含有咖啡因，能诱使蜂类记住并习惯性地反复光顾这些花；有些植物把花蜜藏在花距或花管的末端，迫使蜂类经过花药和雄蕊将头深入其中；有些植物把花粉作为诱饵，然后把花粉塞进毛孔或毛囊里，促使蜂类停留在适当的位置上，采食它们的美味奖赏。倒垂或直立的花通常有供蜜蜂落脚的“地垫”，在那里，就连细微的纹理都很重要。与其他部位的细胞不同，花瓣表面的细胞呈圆锥形，尖头朝上。若在实验室里去除这些微小的结构，蜂类在花朵上着陆时就会滑倒、乱抓，好像狗在硬木地板上奔跑一样。花朵的很多特性都会影响蜂类，就像它们对授粉本身的影响一样，但在激励访客方面，也许没有哪种植物比兰花更具创造性，兰花甚至会用诡计引诱授粉者。

在我居住的那片阴暗的树林里，每个春天都会到处生长着一种名叫匙唇兰的粉红色兰花。当第一只熊蜂蜂王从冬眠中醒来并开始觅食时，匙唇兰珊瑚色的小花苞就打开了。兰花散发出诱人的香味，对蜂类来说是一种完美的食物。匙唇兰有着宽阔的降落区，引人注目的条纹，以及成对的浅刺，这些都表示着有花蜜可采。有些品种甚至拥有花药状绒毛，在花粉的映衬下呈现黄色。但这终究是一个诡计，任何被此吸引而来的蜂类，除了背后会粘上两个花粉团外，得不到任何其他奖赏。它们是得不到花粉的，因为花粉都粘在一起——虽然对蜂类来说这是无用的，但如果蜂类二次落入圈套，匙唇兰的花粉就会成功地传播到其他花朵上，一朵新的匙唇兰由此诞生。其实，蜂类很快就学会了避开这种“假花”。如果一株兰花能结出几万甚至几十万粒小种子，授粉就要花费很长的时间。另一种在春天盛开的花朵——仙履兰的欺骗策略更狡猾。它们用香味引来蜂类后，会把蜂类短暂地困在一个袋状的陷阱里。迷失方向的蜂类被吸引到花后面的“窗户”处，从这里通往一条狭窄的逃生路。当蜂类爬出时，花粉已经被成功地留下（或接收）了。

1/3的兰花依靠欺骗手段来授粉，而那些对蜜蜂有所回报的兰花也常常让蜂类以旋转的方式授粉——它们的前足悬空，像在水坑里游泳或从滑梯上滑下来一样。美国热带地区的雄性长舌花蜂精通授粉工作，它们拜访兰花不是为了采集花蜜，而是为了采集花香，花香在它们的交配过程中起到了一定的辅助作用。[22]成百上千种兰花产生独特的气味来吸引特定蜂类，它们转移花粉的构造从形状和大小上都正好适合这些蜂，这加强了兰花和传粉者之间的联系。花朵气味和蜂类交配过程的结合也定义了兰花最奇怪的授粉策略之一。在19世纪博物学繁盛的时期，一个不知名的业余爱好者揭示了其中的真相。

拉尔夫·普莱斯像他的父亲和祖父一样，在英格兰南部的勒

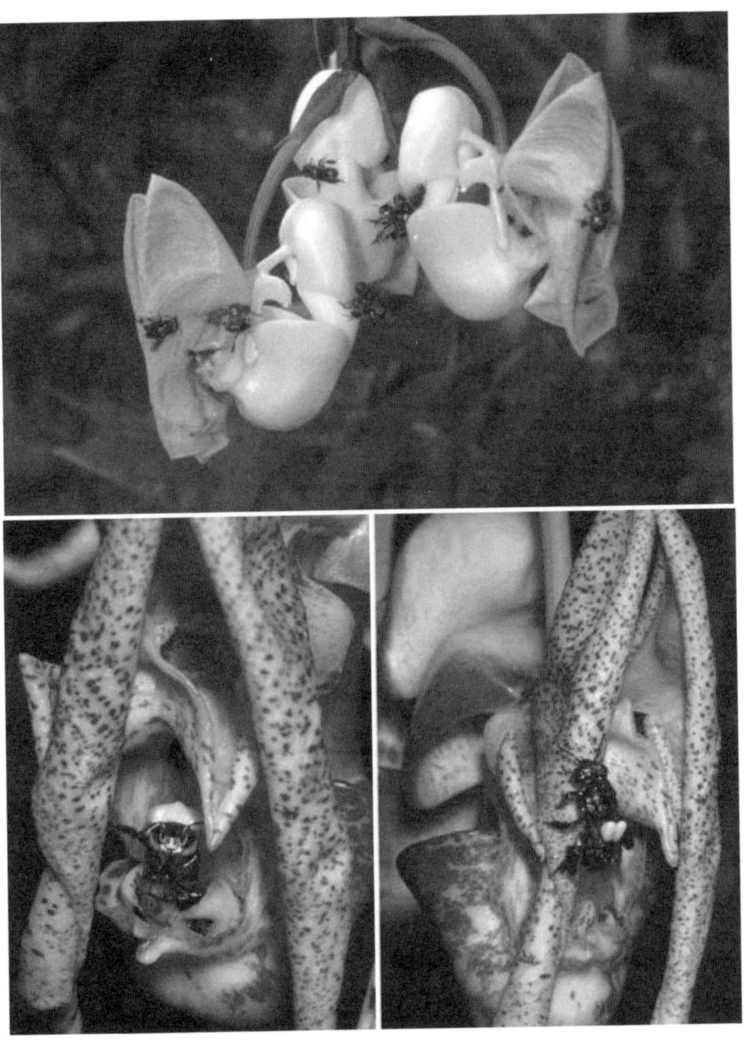

图4–5　成群的中美洲雄性长舌花蜂围绕在一种科兰属的桶形兰花（上图）周围。为了给交配仪式收集花香，蜂类滑入充满液体的“桶”，在其中来回游动30分钟左右，终于发现位于花朵背部的逃生出口。在它们逃脱的过程中，花粉留下来（或被接收）（左下图）。蜂类在起飞前（右下图）会休息一下，把自己晾干，其背后的花粉团通常清晰可见（PHOTOS © GÜNTER GERLACH）

明格担任校长、赞助人和教区牧师。他的职位使他能够体面地生活，并有足够的闲暇时间在农村漫步，去追求他的真爱——稀有植物。作为植物学家，普莱斯重新发现了风铃草属中一个不同寻常的成员，并观察到蜂类经常“攻击”蜂兰属的兰花。当然，蜂兰一直是植物学家感兴趣的研究对象，其花朵的特殊形状是对昆虫的身体、翅和触角的拟态。然而，从未有人做出这样的猜测。当达尔文听说这件事时，他很不高兴：“我可猜不到（普莱斯的观察）。”[23]在风气保守的维多利亚时代，没人做出过大胆的推测。直到20世纪30年代，来自法国、阿尔及利亚等地的人研究得出结论：蜂类不是在攻击花朵，而是试图与花朵交配。

对一株兰花来说，完成异花授粉需要三个巧妙的欺骗步骤。第一步是用气味把雄蜂吸引过来（在某些情况下是泥蜂），这种气味模仿了发情期雌蜂的气味。第二步，雄蜂会猛扑向拟态的兰花并紧紧抓住它，以为自己找到了与雌蜂大小、形状和气味相同的东西。为了完成这项计划，兰花周围的浓密绒毛给雄蜂一种雌蜂的触觉，促成了“假交配”的最后一步。当毫无戒心的求偶者意识到自己的错误时，两个花粉团已经悄悄地粘在了它的头部或腹部，在它下次假交配时传播到另一朵兰花上。

对蜂类来说，它们并不是因为慷慨大方或喜欢某种植物而给花授粉的。它们的目标只是花蜜、花粉或其他它们想要的东西，并会以最有效的方式去获得。例如，短舌熊蜂会毫不犹豫地啃食耧斗草的短枝或金银花的基部，开辟一条通往花蜜之路，而绕开花朵精心安排的授粉计划。（一旦这条路被开辟出来，其他蜂类和

图4–6　蜂兰属的兰花会模仿雌蜂的气味和形态，引诱雄蜂与它们交配，从而实现授粉。从左上角按顺时针方向依次是：熊蜂兰（*Ophyrys bombyliflora*），猫眼兰（*O. lunulata*），蝇兰（*O. insectifera*），凤尾兰（*O. cretica*）（PHOTOS BY ORCHI, ESCULAPIO, AND BERND HAYNOLD VIA WIKIMEDIA COMMONS）

昆虫就能很快学会使用它。）蜜蜂会在芥菜上做类似的事情，但不是啃咬出一个洞，而是从后面偷偷地爬上花朵，并把吻舌伸入花瓣之间的缝隙。这种盗蜜现象很常见，一些植物学家认为它们推动了簇状花朵的进化，比如三叶草、薄荷和紫菀科植物等。对那些不采集花粉的蜂类（比如以别人的劳动成果为生的盗寄生蜂）来说，它们进化的正面动机就更少了。蜂类仍会掠走花蜜，但其中有许多已不具备可采集花粉的绒毛，外表变得光滑（比如泥蜂），传粉效率大大降低。

即使蜂类采集花粉，它们也不会违背自己的习性去帮花朵授粉，所以授粉只是结果，而不是目的。也就是说，它们的目的在于高效地收集和运输花粉，不经意间将花粉传播至它们光顾的下一朵花上。高度进化的蜂类种群，如蜜蜂、兰花蜂和熊蜂，会小心地梳理身上的花粉，将其用花蜜浸润，然后把花粉塞进它们后足上黏稠的花粉团里。这项技术可以将花丛中的花粉转移到蜂巢，而且绝不会掉落到蜂类沿途经过的花朵上。虽然它们只是无意间扮演了这样的角色，但这些蜜蜂仍然是重要的传粉者，因为它们在梳理时会遗失零星的花粉。从进化的角度看，蜂类与花之间的关系实属特殊，但严格来说，蜂类将花视为一种资源，花则把蜂类当作一种授粉工具。具有欺骗性的假交配和蜜蜂对此的需求可能是最好的解释——所有“攻击”蜂兰的雄蜂在授粉时，甚至都没有意识到它们光顾的是一朵兰花。

历史没有告诉我们普莱斯牧师是否怀疑过蜂类观察的重要性，但专家们现在希望用蜂兰的例子来理解授粉策略如何能够培育出新物种。尽管关于蜂类和开花植物的协同进化关系研究可以追溯到达尔文和萨波尔塔，但要证明这种关系是非常困难的。蜂类和植物的相互作用通常受到多个传粉者、拟态、竞争对手、害虫和其他在动态景观中发挥作用的因素的影响，这使得你无法从单一因素中厘清协同进化的影响。另外，时间也是一个挑战。每经过10万年，蜂兰就会发生3~5次谱系分化，其多样性的发展速度和迄今为止研究的任何一种植物同样迅速。但是，由于每名研究生平均只在一个项目上花2~4年的时间，而且一个人的职业生涯也只有数十年，想要实时研究物种根本不可能。因此，大多数研究都只是理论上的，主要依赖进化的大体趋势、模型和由授粉综合征提供的大量间接证据。直到最近，人们才将传统方法与遗传学研究结合起来，去验证新物种是如何在与传粉者的相互作用中产生的，并以蜂兰属植物为主要案例进行研究。

从这一点来看，有关蜂类和植物的科学文献就像一部僵尸小说，充满了“突变”和“辐射”等词语。但与恐怖小说和科幻小说作家不同的是，生物学家使用的术语大多是积极的。突变只是基因代码中可遗传的随机变化，有时会影响植物的性状，比如花的香味。突变为生物进化提供了许多必要的变异，有利的变异有时会触发新物种的快速繁殖，这一过程被称为辐射。对蜂兰属的遗传研究表明，微小的突变可以迅速改变花的气味，吸引不同种类的雄蜂，从而提供新物种诞生的关键因素——生殖隔离。由于雄蜂不再被原有气味的花吸引，而只采集和传播兰花的花粉，它们继而走上一条独立的进化路径。这种独特的组合（没有其他传粉者）带来了一个脉络清晰的进化故事：新的气味引来新的蜂类，[24]新的蜂类催生新的物种。每当兰花有机会利用新的蜂群时，就可能会产生辐射。

蜂兰属的例子凸显了传粉关系催生新物种的一个主要途径：特化。当一种相互作用变得如此特殊，相关的植物或蜂类不再与其他同类植物或蜂类组合时，就会出现新物种。蜂兰属只展示了这种关系的一个方面，即蜂类是如何影响植物多样性的。反过来，植物也可以促进蜂类新物种的产生。但要做到这一点，植物不仅需要改变蜂类的觅食方式，还需要改变它们的繁殖方式。例如，地蜂属的雌性工蜂常常光顾一种特殊的花，以至于雄蜂只能找到这种花，这种花提供了物种形成所需的生殖隔离。所以，地蜂属作为所有蜜蜂属中最具多样性的一个属，它包含的1 300个物种看起来几乎一样，仅仅是因为它们喜欢不同的花才相互分隔。

特化是蜂类和植物协同进化的关键，比如兰花授粉就十分考究，长吻舌与深深的花距之间的进化关系也独一无二。[25]但值得一提的是，大多数蜂类都会光顾很多种花，而大多数的花又会吸引很多种传粉者。只采食一种花的蜂类虽然具有专门的合作伙伴，但它们也面临着相应的依赖风险——它们的伙伴受到疾病、灾难、恶劣天气的影响，或者它们可能会突然消亡。[26]成为采蜜方面的通才就像拥有一张万全的保险单，是具备充足的多样性和成功的植物家族的主要生活方式，比如紫菀和玫瑰；它也是许多蜂类的主要生活方式，特别是社会性物种，比如蜜蜂、熊蜂和无刺蜜蜂。两种策略之间的进化张力增加了物种的多样性。由于这

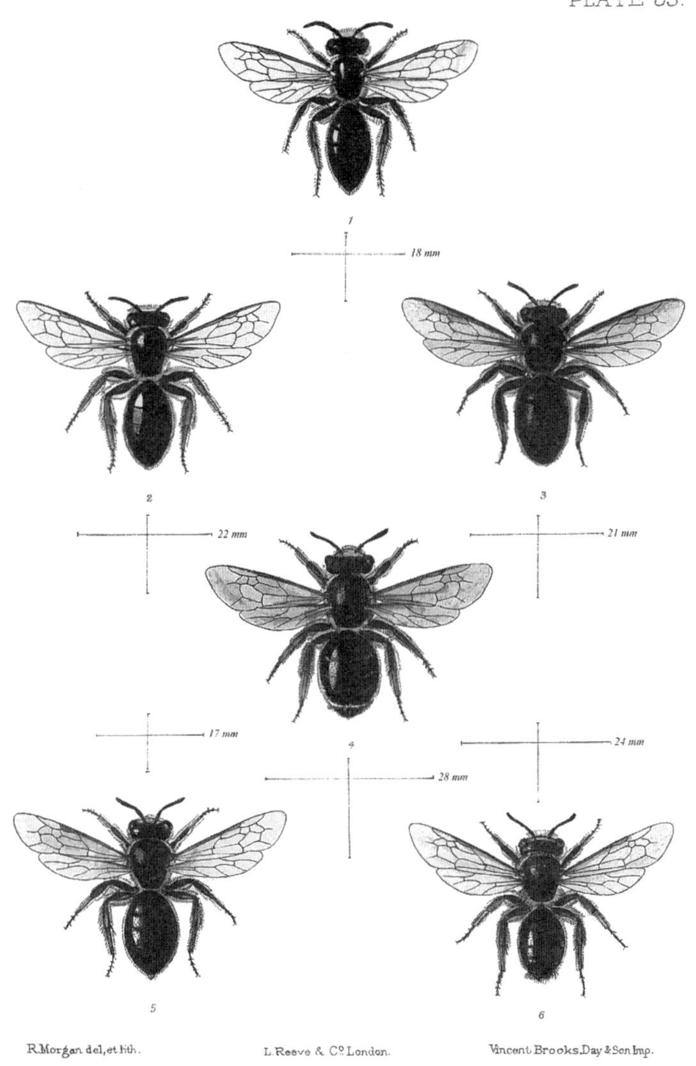


图4–7 地蜂属的6只外形相似的蜂，我们有时只根据它们对特定类型的花的偏爱来划分不同的物种。引自爱德华·桑德斯（Edward Saunders）的《不列颠群岛的尖膜翅目》（*The Hymenoptera Aculeata of the British Islands*，1896）

两种方法都行之有效，采蜜通才的后代往往会朝着专门化方向发展；反之，密切相关的蜂类或植物在觅食和授粉策略上将存在巨大的差异。

蜂类和开花植物之间的特殊关系并不能解释这两类植物的物种多样性。对受传粉者驱动形成的物种来说，它们也会因为地理因素、范围扩大或对新的生态位和环境条件的快速调整而产生新物种。但也没有人会怀疑传粉者的相互作用是进化研究的沃土。事实上，达尔文的一本鲜为人知的书《兰花传粉的各种变种》追踪了物种的起源。虽然这本书的销量平平，但他很快就转型研究蜂类和植物，希望找到令人信服的自然选择的例证。尽管《物种起源》大量引用了他乘坐小猎犬号进行长途旅行的所见所闻，但达尔文的许多关于传粉的观察都发生在他家的花园，以及附近的田野和林地中。这提醒我们，虽然蜂类和花的协同进化发生在巨大的时间范畴内，但其结果和影响在我们周围随处可见。我到处寻找蜂类，从沙漠到热带雨林，再到高山草甸和非洲大草原，但我知道的两个最引人注目的蜂群就在距离我的家乡只有一天行程的地方。所有这一切让我认识到，当一个地方能为花和蜂类提供它们所需的一切时，会产生什么可能性。

# 第5章

# 花开之地

供应创造需求。[1]

*

让·巴普蒂斯特（1803）

“塞伊市场定律”

熊蜂起床很早，我那蹒跚学步的儿子亦如此。对蜂类来说，早起的好习惯给了它们觅食的机会，而此时它们的大多数竞争对手由于天气寒冷还在赖床。熊蜂之所以能够早起，是因为它们将热量注入了飞行肌肉，我们将在第7章详细介绍这种不寻常的能力。而作为一种温血哺乳动物，我儿子诺亚的早起习惯与体温无关。他只是简单地把睡眠看作一种不便，每次不情愿地睡上几个小时。基于此，我们清晨就外出散步，被熊蜂环绕，就没什么好奇怪的了。

我们在一个离家不远的小岛上游玩，我妻子的很多亲戚就住在树林中的小屋里。我们顺着一条熟悉的小路，经过一个自然保护区，就可以到达善良的姨妈和舅舅家，他们也起得很早，还煮好了浓浓的咖啡。小路两旁是野玫瑰丛，我的脑海里浮现出黄脸黑尾的熊蜂在粉红的花丛中艰难前行的场景。我断断续续地想着可能还有其他物种，但大多数时候我想的都是咖啡。在我们往回走的路上，蜂类阻止了我的脚步。

我经常告诉人们，如果你想在大自然中漫步的时候看到更多的东西，就不要带野外向导，带上孩子即可。诺亚对蜂类还没有兴趣，只是因为他正处于蹒跚学步的阶段，我的步速也跟着慢了下来，有时间仔细观察我们路过的每一个事物。在温暖的晨光下，嗡嗡叫的小生物使野玫瑰丛散发出了活力。蜂类几乎会光顾每一朵花，它们在空中飞舞，从我们周围飞过，仿佛这条小路是专门为它们开辟的。我拉着诺亚的手，看着这一切，突然意识到两件事：第一，我以前从未见过这么多熊蜂；第二，它们并不是熊蜂。

我们回到屋里，喝了咖啡，在这几个小时里，沿途的传粉者群体已经完全改变了。当然，仍有一些熊蜂试图挤进玫瑰花丛中，但绝大多数嗡嗡叫的蜂类都属于一个只是长得像熊蜂的物种。我以前只见过它们一次，是和犹他州洛根美国蜜蜂实验室[2]的专家们在一次采集之旅中遇到的。那一次，就连专家也被愚弄了。它们的大小、形状和身上的黄橙色绒毛与熊蜂几乎一模一样，但它们的后足把自己“出卖”了。真正的熊蜂用胫节上的花粉筐携带花粉，而这些“假熊蜂”则会把花粉沾在像刷子一样的绒毛边缘。这个差异让我意识到它们其实是条蜂属中的条蜂，[3]但它们的数量为何如此之大呢？一般来说，这种蜂只是偶尔出现。但在这里，它们随处可见，从附近的池塘边到灌木丛，穿过小径，再到俯瞰海湾的高高的悬崖边。就在那里，我发现了它们的巢穴。我停下脚步，诺亚和妈妈走在前面，盯着脚下的大地。突然间，我知道了那些蜂的确切来源。

《牛津英语词典》介绍了“Duh”（对哦）这个单词的来源——1943年上映的动画片《欢乐的旋律》。荷马·辛普森也使一个类似的词语“Doh”广为人知。这两个词对我来说都很合适。顾名思义，条蜂挖土，在裸露的土壤、堤岸、沟壑和干河床中筑巢，或者在沙质悬崖的峭壁上筑巢。法国昆虫学家让-亨利·法布尔给它们起了一个令人难忘的名字：“来自险峻土滩的孩子们。”[4]多年来，我数次经过那里，悠闲地看着在繁花丛中飞舞的条蜂，却从未想到它们生存在海滩的沙坡顶上。那天下午，我把诺亚安顿好后，抓起一个笔记本，急匆匆地跑下海滩，第一次来到一直被我们家称为“爸爸的蜂崖”的地方。

人们来到海边时，总会注视着大海，被平静的海水吸引着，神经科学家称之为“蓝色思维”。这也许可以解释为什么我之前多次沿着海岸线散步，却从来没有注意到那里足足有半英里长的蜂类理想的栖息地。悬崖像一堵白土坯墙一样拔地而起，布满了坑坑洼洼，除此之外没有什么特别之处。关于蜂类的许多方面，我们都需要走近去学习。只有当我爬上海滩上的圆木，站在悬崖底部时，我才能看到、听到和感受到这些生命的强烈冲击。如果说上面的小路上有蜂类的生命在流淌，那么在这里它

图5–1　鸟瞰“爸爸的蜂崖”，数以万计的条蜂、地蜂、切叶蜂、汗蜂四处飞舞，还有盗寄生蜂、胡蜂等（PHOTO © THOR HANSON）

们就像激流一样狂奔。来到斜坡的坡脚，我找到了一个可以坐在温暖的沙滩上并向后靠的地方，一个超大的蜂群正在我周围狂舞。

对条蜂的第一次详细描述可以追溯到1920年哈维·尼宁格（Harvey H. Nininger）发表的一篇文章，他收藏的陨石是世界上规模最大的。显然，他靠发现陨石的观测技术成了一名优秀的昆虫学家，他在文章中写道："那是一个明媚的春日，温暖的阳光点燃了这些昆虫的生命之火，激发了它们的活力。……它们挖掘隧道和巢穴、产卵和供养后代，勤勉地完成所有工作。"[5]

我在这里看到了蜂类同样的行为和活动，尼宁格估计加利福尼亚圣加布里埃尔山的蜂崖只有约100只蜂，但我一眼就能看到上千只。近距离观察，悬崖上每平方英尺就有60个（每平方米有630个）蜂巢。即便如此，蜂类的数量还是超出了可利用的空间，我也看到了不断爆发的争斗，有些雌蜂正在努力抵御入侵者。当条蜂一个挨一个地挖掘它们的巢穴时，它们基本上像壁蜂一样是独居的，没有强大的蜇针，也无法抵御其他物种的进攻。事实上，我在悬崖边看到的条蜂已经向和平主义迈进了一步。它们选择了具有威胁性的外观，通过模仿一个更危险的物种来虚张声势，[6]这成为它们主要的防御手段。[7]只要熊蜂能蜇人，其他物种就会害怕长得像熊蜂的蜂类，这使得条蜂不需要在防御手段和行为上进行投资。虽然它们仍然保有蜇针，但正如一位观察者指出的那样，即使被粗暴地对待，"它们也不会蜇人"。[8]

我低下头看看悬崖边，一只雌蜂正在修补蜂巢入口的边缘，用腹部抚平潮湿的泥土，直到它形成一个薄薄的、凸起的边缘。像附近的其他建筑一样，这座建筑最终会延伸出一到两英寸长，并向下弯曲，尼宁格称之为“一个特殊且弯曲的黏土烟囱”。[9]一些专家认为，烟囱有助于防御寄生蝇和寄生蜂，另一些专家则认为，它们可以调节巢穴的温度，或者阻挡雨滴和从邻近巢穴散落下来的泥土。不管它们的作用是什么，都为蜂巢增添了一种迷人的建筑元素。对条蜂来说，它们看起来就像一座巨大的沙漠城市，到处都是由树枝和泥巴做成的塔楼。这种复杂的地理环境对雌蜂来说具有重要的导航功能，可以帮助它们回到自己的蜂巢——此时它们的足上沾满了花粉，蜜囊里装满了花蜜。[10]

条蜂的生命周期与壁蜂以及其他独居蜂类似，但它们不是将卵产在笔直的巢管里，而是会建造一个由单个巢室组成的网络，这些巢室的末端连接在一起。巢房排成一行，雌蜂用一种既防水又防腐的透明分泌物（看起来更像泥浆，而不是典型的蜂粮，条蜂的食物有时被称为“蜂布丁”）保护产在花粉和花蜜混合物上的卵。所有挖掘和供养行为意味着，尽管表面上看起来也很活跃，但蜂崖的真正活动发生在我们看不见的地下，在一个深不可测的迷宫中。我不能扒开泥土去看那些条蜂在干什么，但我很想知道里面有多少只条蜂。在野外生物学的世界里，这通常意味着你偶然发现了一些重要的东西。

我的嫂子在一个细菌实验室完成了她的博士学位，她经常取

图5–2　条蜂会花费大量时间和精力在蜂巢入口建造精致而弯曲的烟囱或塔楼，这可能有助于防御寄生蜂或寄生虫，以及免受恶劣天气的影响。当繁殖季结束时，一些旧巢的材料将被重新用于建造新巢的封盖（PHOTO © THOR HANSON）

笑我在大自然中进行的生物学实践。她说："你们做的事就是数数而已。"其实，她说的也不完全是错的。在我的职业生涯中，我数过种子、蕨类孢子、棕榈树、熊、蝴蝶、大猩猩粪便的数目，甚至是秃鹫的啄食次数。尽管数数的方法确实很烦琐，但数出"爸爸的蜂崖"上有多少个洞成了我们家庭旅行的常规科学活动。最后我可以自信地说，至少有125 000只雌性条蜂在这个地方安家。雄蜂住在附近，在玫瑰丛和其他花上等待与雌性交配的机会。它们的数量通常比雌蜂多一倍，成年蜂在春天的数量多达40万只左右。这个数字令人印象深刻，比其他已知种群多出两个数量级。但我在那里待的时间越长，就越意识到条蜂只是个开始。

一个午后，我用在海滩上找到的一个空罐子收集了两个样本，但之后我都会带着捕虫网来到悬崖边。那是我最喜欢的可折叠的昆虫网，随时随地都可以弹出来。[11]从我第一次跟着杰瑞·罗森上捕蜂课开始，我就意识到跟踪是了解蜂类的一个重要方面。这就像和一个蹒跚学步的孩子一起散步，慢慢地、小心地追寻一些东西，感觉因此变得更加敏锐，视角也焕然一新。于是，我很快注意到蜂崖的条蜂是如何聚集在一定的粒径和密度的土壤中的。土壤的沙质或硬度不同，会引来不同的蜂类，比如切叶蜂、地蜂、长角蜂、汗蜂、沙蜂等。在春末夏初，一系列寄生蜂出现了，每当雌蜂不在的时候，它们就会在各个巢室里溜进溜出。虽然条蜂可能最先引起了我的注意，但事实证明，寄生蜂的故事更复杂，它们会充分利用附近的花朵、筑巢栖息地等可用的生态位。此外，在悬崖底部也有一些蜂类在挖隧道。我知道，梳理这些关系需要除了昆虫学之外的一些知识。为了给所有蜂类命名，包括胡蜂、苍蝇和其他物种，我需要分类学家的帮助。幸运的是，我知道该向谁求助。

约翰·阿舍尔（John Ascher）是一位讲授蜂类课程的老师，他也是近20年来最年轻的教员。我无意间听到了他在研究站那架破旧的立式钢琴上的即兴演奏，他演奏得很美妙。我告诉他我曾参加过一个爵士乐队，他则向我讲述了他早期在音乐和昆虫学之间做出艰难抉择的事。

“大学毕业后，我和一群爱好音乐的朋友在纽约组建了一个乐队。”在那段日子里，他们抓住一切机会演出。但他也承认，虽然他热爱爵士乐，但他总觉得自己不如其他朋友。“不管我怎么练习，我知道自己永远不会像他们表现得那样好。”他边说，边用一种强烈的目光注视着我。“但我知道如果我专注于蜂类研究，我就会成为最好的自己！”

约翰在蜂类研究方面已经做得很好了。我们相识时，他已与杰瑞·罗森合作多年，担任美国自然历史博物馆大型蜂类收藏馆馆长可谓实至名归。此后，他在新加坡国立大学担任教授，一边研究亚洲蜂，一边从未停止对北美蜂类物种的鉴定（通过快速寄送）。（令人欣慰的是，干蜂并不重，贴上“死昆虫标本”的标签过海关时可免收关税。）约翰研究的分类学是自然科学的一个基本领域——识别物种，并探索它们如何在生命树上相互联系。但在一个由技术驱动和专业主导的时代，它并没有受到太多关注。

随着越来越多的老派分类学家退休，像约翰这样的年轻从业者的工作量将不断增加。野外项目采集的标本通常要等上几年才能得到专业鉴定，但在我告诉他关于蜂崖上的条蜂数量后，约翰表示愿意参与其中。他在电子邮件中写道："我观察过这个物种的活动，但每次只有几十只。"

蜂崖上蜂类的繁盛可以从供求关系的角度来解释。生物学家贝尔特·海因里希在1979年出版的经典著作《熊蜂经济学》中提出了类似的观点。海因里希通过追踪蜂巢生命周期中的能量流，发现输入（花蜜和花粉）直接影响输出（繁殖成功）。如果增加可利用的花朵资源，一个蜂巢就能繁殖出更多的蜂。对居住在沿海环境中的条蜂来说，筑巢崖通常在花海边上，一边是盐水，另一边是茂密的针叶林。幸运的是，在我发现的那个蜂崖上，几英亩荒芜的农田重新焕发了生机，不是树木，而是完美的蜂类花丛，有玫瑰、黑莓、雪果、樱桃等。它们在春天和夏初相继开花，给蜂类的筑巢栖息地提供了丰富的花蜜和花粉。能量的输入等于能量的输出，蜂群为了适应可用的资源会扩大规模。除了条蜂，约翰还从我寄给他的标本中辨别出其他12种在悬崖和地面筑巢的蜂类，它们都会受到相同的花朵经济学原理的影响。难怪这条穿过玫瑰花丛的小径充满了活力，毕竟有数以百万计的蜂类生活在这里。

在自然界中，大型蜂群的存在依赖于繁盛的花朵和足够多的蜂巢。不考虑疾病或恶劣天气的影响，这些供给确实会创造出相应的需求。几千年来，养蜜人已经了解了这种关系，为了模拟这个系统，他们把蜂箱从一个地方转移到另一个地方，以追随盛开的花朵。这不仅带来了更多的蜜蜂，还生产了更多的蜂蜜，蜂巢中的蜂蜡也变得更多，后两者都可以出售。同样重要的是，它使得授粉成为一个产业。当在数百或数千英亩的土地上种一种作物时，会创造一个集中的开花期，这通常会使当地的蜜蜂种群应接不暇，特别是在种植化程度高且蜂类筑巢栖息地有限的地区。解决办法是建立一个利润丰厚的授粉服务市场，现在许多商业养蜂人会向农民出租蜂箱，这部分年收入占到他们总收入的一半还多。

在整个春季和夏季，杏、苹果、南瓜、樱桃、西瓜、蓝莓等都依赖蜂类的授粉，以致满载蜂箱的卡车在乡村间穿梭。这些卡车就像便携式蜂崖一样为蜂类提供了充足的筑巢栖息地，连绵不断的田野和果园则稳定地供应着花蜜和花粉。一辆卡车可运载1 000多万只蜜蜂。事实上，如果其中一辆翻了车，倒霉的公路巡逻队就会赶到现场，他们对群蜂乱舞的景象再清楚不过了。除交通风险外，蜂箱的长途运输还会给蜂类的健康造成重大风险。至少对某些作物来说，增加本地蜜蜂数量对它们是有益的。布莱恩·格里芬了解到，壁蜂很喜欢在人造木块中筑巢，并为果树授粉，日本的苹果种植者现在很喜欢利用这种蜂。某些切叶蜂也表现出类似的特征，越来越多的证据表明，架起具有保护性的树篱可以吸引很多种蜂类，并增加蓝莓和纽扣瓜等植物的授粉机会。即使像大豆这样的自花授粉作物，也会在蜂群参与授粉的情况下获得更高的产量。野外实验仍在继续，但这个有史以来最成功的本地蜂类计划并不算一个创新想法。它最早可以追溯到半个多世纪以前，美国西部的一小群农民和我一样，对一种蜂产生了强烈的兴趣。在我听说苜蓿农场主会给数百万只彩带蜂属的黑彩带蜂（也叫碱蜂）建造筑巢床后，我决定亲自去看看。

“花越多，蜂就越多。花越多，蜂就越多。”马克·瓦格纳重复着这句咒语般的话，先举起一只手，然后举起另一只手，像天平的两端不断上升，类比不断扩张的家族事业。在他家，这一模式延续了好几代。“我的爷爷在鼠尾草地上开垦出了这片地。”如今，这块地上生长着齐腰高的苜蓿。此时，我和他正在这块地里散步。马克的儿子是这家公司的全职合伙人，他的孙子将来也会成为家族事业的继承人，他的孙子两岁的时候就酷爱开洒水车。这种传承式家族农业在美国农村地区越来越少见，但在华盛顿图榭山谷（哥伦比亚盆地中部的灌溉绿洲）种植苜蓿的不寻常之处不止这一点。

当我们凝视他的另一块地时，马克解释说：“我们在这里撒了大约120吨盐。”盐作为一种土壤改良剂，通常是给土地杀菌的，但在这块地上，马克没有种植作物。他在培育碱蜂，盐在土壤之上形成了一个防潮层，就像在碱地上自然形成的防潮层一样，他依此建造了蜂床。从碱蜂的反应来看，他的做法十分接近真实的情况。它们成群地在盐渍的土地上方盘旋，仿佛闪烁的微光。这种小生物的飞行速度奇快，眼睛完全无法追踪。与条蜂的塔楼式蜂巢不同，碱蜂在它们的巢穴周围用泥堆起圆锥形土堆，像小型矿井的尾矿一样。但是，蜂崖和蜂床的最大区别不在于巢穴的排列方式，而在于它们的产生方式。这些碱蜂安居在这块地上并非偶然，因为马克主动为它们提供了所需的一切。

“它们能灌溉到地下20英寸深的地方。”他说。水经过白色的聚氯乙烯管从成排的水龙头中流出，足以让土壤保持凉爽和坚实，既便于碱蜂挖掘，又不至于淹没了蜂巢或导致它们腐烂。“蜂类优先。”马克告诉我在上一季发生了干旱，水区停止对农作物进行灌溉，人们的洗澡时间被迫缩短，草也都枯死了。但在筑巢高峰期蜂床的水的供应一直很充足。“它们得到的水比人都多。”他满意地说，听起来有点儿像一位自豪的父亲。

就在那一刻，我的儿子诺亚（他当时7岁，十分痴迷于蜜蜂）成功地从我们手边的一个透明塑料瓶里拿出来一只嗡嗡叫的雌蜂。他举起它，我立刻认出那是我最喜欢的蜂，它的身上长着华丽的乳白色条纹。马克的蜂床及他那些种植苜蓿的邻居，已经证明了“如果你建造它，它们就会来”[12]这句谚语的正确性。这些零散蜂床的总面积超过300英亩，为1 800万~2 500万只筑巢的雌蜂提供了重要的栖息地，也给许多寻找配偶的雄蜂带来了益处。除了商业蜜蜂以外，这些蜂共同组成了有史以来最大的传粉者群体，难怪蜂类研究者称之为“世界第八大奇迹”。

在参观了瓦格纳农场之后，我明白了这一独特的本地物种是如何以及为什么对商业如此重要。但我了解到的另一件事更重要：马克·瓦格纳比我还喜欢彩带蜂。“你不能拥有它，它是我的。”他告诉诺亚——态度坚定但没有敌意。随后我们看到那只彩带蜂从诺亚的手里飞走了，立刻消失在蜂群中。对马克来说，关心彩带蜂意味着关心每一只蜂，他从诺亚这个年纪就建立这种信念了，那时他的父亲让他去蜂床驱赶饥饿的鸟儿。从接手农场以来，他一直与邻居及当地管理者积极合作，使彩带蜂成为整个社区优先照顾的对象。山谷的路标上写着“彩带蜂区”，车辆时速也被限定为每小时20英里。但马克开车的速度比这更慢。蜂会从挡风玻璃上掠过，他不紧不慢地向前开，并告诉我们要紧闭车窗，否则蜂会进入车内。

图5–3　车辆在华盛顿州图榭小镇外以蜗牛般的速度前行，这不是因为交通状况，而是为了保护他们的苜蓿作物所依赖的本地蜂（PHOTO © THOR HANSON）

马克64岁时，身体依然结实，脸晒得黝黑，因为他长期在户外活动。他穿着牛仔裤、靴子，戴着棒球帽，看起来像一个老朋友。“我们有1 200英亩紫花苜蓿。”他边对我说，边冲着齐腰高的茂密绿色植物点了点头。如果他一直在种植干草作物，我们的故事可能会就此结束，但图榭山谷的苜蓿种植户还生产种子，而这离不开授粉。从远处看，马克的田野里点缀着紫色的小花簇，空气中弥漫着浓烈的花香。这一定会让蜂类陶醉其中，并将它们从蜂巢引诱到随处是花粉和花蜜的地方。但当它们到达花海时，等待它们的就不仅仅是简单的采集工作了。苜蓿花把花粉和花蜜藏在折叠的花瓣里，当蜂类光顾时，花瓣会突然展开，雄蕊和雌蕊顺势被向上推。这是对蜂类身体或头部的沉重打击，大多数蜂类根本无法忍受。因此，有些蜂类会盗走花瓣缝隙间的花蜜，结果花既没有开放，也没有受精。[13]但彩带蜂似乎并不在乎花瓣受到的打击，而是愉快地接连光顾这些花朵，靠着采集苜蓿的花粉和花蜜来维持生存。当图榭山谷的农民意识到这些小型蜂在做什么时，他们知道他们找到了完美的传粉者。

“我想回到20世纪30年代，那时大家四处寻找彩带蜂。”马克怀念起在苜蓿的规模生产开始前的日子。如今在瓦拉瓦拉河的岸边仍然能找到一些天然的蜂床，有时彩带蜂也会光顾附近灌木丛中的野花。但绝大多数彩带蜂的生物钟似乎已经适应了苜蓿的开花节奏，因为苜蓿的开花时间比本地的大多数植物都要晚，花期也更长。对蜂类来说，从蜂巢出来后做出的改变是一种重要的生态调整，而马克和其他当地的种植者也做出了相应的改变，他们调整了苜蓿的种植方式，以便更好地适应蜂类的习性。他们一直等到天黑后蜂类安全地躲进巢穴，才开始灌溉田地。他们不断地调整蜂床的设计和管理，与昆虫学家合作研究蜂类。他们游说州和联邦机构，资助大学研究对蜂类友好的杀虫剂。马克的努力近期为他赢得了北美授粉者保护运动的嘉奖，这个奖项通常颁发给专业学者、机构科学家、自然保护主义者或小型有机行动。现在，图榭山谷被视为一个典型的在集约高产的农业环境中应用本地蜜蜂的成功案例。尽管受到了肯定和尊敬，但马克告诉我，他仍然觉得自己对彩带蜂知之甚少。“我不知道的东西比我知道的要多得多。”

在我的参观之旅结束时，马克放慢了脚步，指了指一个被他称为保险栓的小棚子。这个棚子里也有很多蜂，但它们都是来自欧洲的切叶蜂。马克每年都会购买切叶蜂，用于抵御恶劣的天气、疾病、农药事故或其他可能损害碱蜂蜂床的风险。作为壁蜂的表亲，切叶蜂也在木块和纸管中筑巢。苜蓿种植户购买了上百万只切叶蜂，其中大部分来自加拿大的商业养蜂人。像彩带蜂一样，切叶蜂似乎也不介意受到花瓣的重击，在某些地方它们还是苜蓿的主要传粉者。然而，它们与本地蜂类不同。“我买了它们，但我不爱它们。”他说，“它们之间是不同的——彩带蜂就像我的家人……这很难解释。”他停顿了一会儿，然后简单地补充说，“因为彩带蜂，我才成了苜蓿种植户。”

在驾车离开图榭山谷的路上，诺亚和我停下车来最后聆听蜂类的声音。熄火，关上车窗，它们的声音像低沉的音符在田野中流淌。对马克和其他当地的农民来说，这首乐曲是他们生活的旋律，也是他们生活的底色。它不仅体现了蜂类和花之间的关系，也体现了蜂类和人之间至关重要且令人惊讶的古老联系。

# 蜜蜂和人类

你若希望得到蜜蜂的恩惠，免受蜇痛之苦，就要避开令它们讨厌的事。你不可污浊，也不可淫秽（它们贞洁、干净），因为它们极其憎恶肮脏之物；你不可满身汗味或满嘴臭气地来到它们中间，比如吃过韭菜、洋葱、大蒜……你不可贪食醉酒，不可向它们吹气，不可在它们中间仓促搅动，不可在它们威胁你时激烈自卫。你只可轻轻地把手放在面前，然后轻轻地抚去……总之，你必须纯洁、干净、甜美、清醒、安静、亲切，这样它们才会爱你，并逐渐了解你。

——查尔斯·巴特勒（Charles Butler），
《女性君主》（1609）

# 第6章

# 向蜜鸟与原始人类

没有蜜蜂就没有蜂蜜。[1]

*

伊拉斯谟

《箴言录》(约1500)

每年，来自世界各地的近2 000名生物保护学家都汇聚一堂参加为期5天的会议。会上他们相互分享他们的发现，制定条例保护受威胁的物种和景区，讨论它们面临的挑战。会议地点每年都在变化，但即使是在一个充满异国情调的地点开会，也改变不了会议始终在室内进行的状况，这可真是讽刺，也是野外科学家最接受不了的事情。一两天后，他们就会变得焦虑不安，成群结队地挤进出租车，迫不及待地去往附近的国家公园。然而，有时最美好的事物就在会议室的窗外。

几年前的那次会议是在南非曼德拉市郊区的纳尔逊曼德拉都市大学举行的。包括主要建筑群在内，整座学校（共占地2 100英亩）都位于天然的灌木林中。第二天下午，我提交了论文并回答了几个问题，在下次会议开始前的空当，我朝窗外望去。从远处看，灌木林看上去毫不起眼，微微起伏，被阳光炙烤着。但后来我注意到在绿树丛中散布着一些小色块。灌木林正处于盛花期，我突然意识到自己可能在正确的时间和地点见证了某种壮观的景象。我立刻停下手头的事，冲了出去，到灌木林中寻找蜜蜂和人类之间关系的根源。

很快我就找到了蜜蜂。在一种我不熟悉的灌木上，一朵像夹竹桃的粉色花朵中，我发现了我要找的蜜蜂。对来自北美的我来说，这是一种珍贵的享受——在蜜蜂的老家找到它们。在此之前，我对这些迷人生物的看法总是有些矛盾，因为它们对当地物种的影响和我掌握的生物学知识不相符。[2]蜜蜂会消耗花粉和花蜜，而这些花粉和花蜜可以供养生活在10万个巢穴中的条蜂、壁蜂、切叶蜂和其他本地独居蜂。但这里的蜜蜂就在它们应该在的地方，它们在干旱的非洲环境中飞舞，正是这种环境造就了这个物种，也造就了人类。我看着它们饮蜜，并试图追踪它们，看看是否能找到它们的蜂巢。但追了几步后，我就在茂密的灌木林中迷了路。

如果我写的是小说，那么我会告诉你，一只像知更鸟一样大的棕色的鸟落在附近的一根树枝上，兴奋地叫着，吸引了我的注意力。然后，我会描述我是如何跟随那只鸟，看它从一根树枝跳到另一根树枝上，穿过树林，把我引向蜜蜂的家。虽然这件事并没有发生，但奇怪的是，这件事是完全有可能发生的。了不起

图6–1　一只南非的蜜蜂正在本地的松叶菊上吸蜜（PHOTO BY DEREK KEATS VIA WIKIMEDIA COMMONS）

的向蜜鸟正是因为我描述的这种行为而得名。伴随着喧闹的跳跃声、拍打声和鸣叫声，向蜜鸟会引导人们走近蜂巢。这种鸟在撒哈拉以南的非洲地区较为常见，一旦发现它们，传统的蜂蜜采集者都懂得如何利用它们独特的才能。

一项研究发现，追踪向蜜鸟可使找到蜂巢的概率增加5.6倍，而且它们总能把采蜜者引向更大、更有生产力的蜂巢。在蜂巢被采蜜者破坏后，向蜜鸟会吃掉残留物——它们的特殊饮食结构造就了一种不同寻常的消化蜂蜡的能力。正如一位早期的欧洲观察家指出的那样，人们习惯用精心设计的蜂巢来奖励他们的鸟类助手："采蜜者总会给他们的领路员留下一小部分食物，但要注意不能留太多。只有这样，才会激起向蜜鸟的食欲，它们才会再次帮

图6–2　人们一直认为了不起的向蜜鸟（上图）通过带领蜜獾（下图）找到蜂巢而形成了引路的习惯，虽然这种鸟在白天活动，而獾大多在夜间活动。现在大多数专家都认为这种鸟主要是与人类的祖先合作，才发展出引路的能力（WIKIMEDIA COMMONS）

助采蜜者找到另一个蜂巢，从而获得更多的回报。”[3]虽然那天下午的向蜜鸟没有采取具体的行动来帮助我，但它的引路习惯对鸟类学家而言司空见惯。

在1776年12月举行的伦敦皇家学会会议上，发布了第一篇有关向蜜鸟的研究论文。它提到了这种鸟的可能搭档——蜜獾，这种哺乳动物也是蜂巢的掠夺者。两个多世纪以来，人们（包括科学家）都认为，引路行为是鸟类和獾协同进化的结果，人类只是学会了利用它。20世纪80年代，一群南非生物学家指出了一个显而易见的问题：蜜獾几乎只在夜间活动。虽然它们的清醒时间在黄昏时分与向蜜鸟有短暂的重叠，但这似乎不足以成为有效的协同进化的起点，尤其是对如此复杂的互动而言。深入挖掘后，研究者发现蜜獾不仅近视而且听力不好，它们几乎不会爬到树上去寻找蜂巢，播放向蜜鸟叫声的录音也没有让蜜獾产生任何反应。而且，关于这两个物种间联系的报道要么是道听途说，要么是民间传说。没有人，包括生物学家、博物学家、采蜜者或游客，见过向蜜鸟引领着蜜獾去寻找蜂蜜。虽然这种说法仍然存在于博物学的文章中，甚至是儿童畅销读物中，但要找到引路行为背后的真相，生物学家需要求助其他领域的科学家。

“我的专业是营养学。”阿丽莎·克里滕登（Alyssa Crittenden）告诉我，“饮食不是人类进化故事的终点，而是起点。”阿丽莎的办公室位于拉斯韦加斯内华达大学人类学大楼的一条狭窄走廊的尽头，她是一位著名的人类营养学家、教授，但她也精通生态学。双重专业背景有助于阿丽莎把有关人类饮食习惯的问题放到环境背景下解释。在谈话中，她举了一个令人信服的例子，即我们的祖先选择吃什么在某种程度上决定了今天的人类。如果这是真的，那么人类和向蜜鸟之间可能有很多共同点。

“如果你想研究的是狩猎采集者，研究范围就会大大缩小。”阿丽莎告诉我，她已研究坦桑尼亚的哈扎部落多年。在哈扎部落中，约有300人遵循严格的传统生活方式，他们居住在艾亚西湖周围的干旱平原和林地中，距离奥杜威峡谷和拉托利不到25英里。那里发现的化石、脚印和石器来自300多万年前的人类祖先。阿丽莎又指出，像哈扎部落这样的现代群体在文化上和我们是不同的。但是，由于他们生活在人类的发源地，所以他们可以教给我们很多东西。

阿丽莎在哈扎部落的第一个季节，负责对部落成员每日的收获进行称重和记账，这其中包括妇女儿童采摘的水果和块茎，男人猎杀的羚羊、鸟类和其他动物。她想搞清楚食物资源的季节性波动如何影响部落成员的家庭生活，特别是妇女决定何时、与谁生孩子。当时，人类学领域的大多数营养研究都专注于“肉与土豆之争”，这场长期争论主要集中于狩猎或采集带来的热量是否对人类早期的行为和发展有更大的作用。她认为这个故事还有更多的内容可待发掘。像任何一位优秀的科学家一样，她说，“我总是依赖数据”。但当数据指向蜂蜜时，阿丽莎对此也感到非常惊讶。

“我是个懒散的人。”阿丽莎回忆起她第一次看哈扎部落的人采集蜂蜜的情形。她看得入了迷：男人们踩着粗糙的木楔爬上一棵巨大的猴面包树的树干，用火把把蜂巢里的蜜蜂熏走，再把蜂巢一个接一个地取下来，上面还滴着金色的蜂蜜。但与他们把战利品带回营地时人们的反应相比，一切付出都是值得的。“孩子们唱歌跳舞，每个人都兴奋地与他人分享战利品，包括我在内。这和我以前见过的所有场景都不一样。”有个问题一直困扰着她：哈扎人吃了多少蜂蜜？她和她的人类学同事是不是漏掉了这一重

图6–3　一个哈扎部落的采蜜者手中举着新鲜的野生蜂巢（PHOTO © ALYSSA CRITTENDEN）

要的热量来源？她研究得越仔细，就越确信自己的想法。“我们有数据记录的每一个觅食群体都以蜂蜜为目标，每种猿类都吃蜂蜜。”阿丽莎像罗列项目清单一样梳理着她的想法。“蜂蜜营养丰富，深受喜爱。无论是现在还是在进化史上，蜂蜜都是地球上一种重要的食物。所以，我们肯定漏掉了什么！”

阿丽莎上大学的时候，她甚至没想过选择修人类学这门课。她想成为一名医生，并在医学预科课程中取得了不错的成绩。无意间她选了一门名为“人类进化导论”的课程。“这门课引爆了我的思想。”她回忆起这门课如何把她一直在想的每件事都联系在了一起。她理智地描述了自己突然改变职业道路的过程，她说那就像爱丽丝从兔子洞走入仙境一样。她总结道：“我有太多迫切需要回答的问题。”她还表示，如果我们的谈话对她有任何启发，她就会刨根究底。在两个半小时的访谈时间内，除中途去了一次校园咖啡厅外，我们讨论了许多话题，从关于蜂蜜的化学原理到哈扎人的箭再到学术编辑面对的挑战等。她对我的工作同样好奇，问了我很多非正式的问题，这也解释了她从哈扎人那里学到了很多。

“蜂蜜是他们最重要的食物之一。”她告诉我，各个年龄段的人们，无论男女，更不用说孩子了，都喜欢把蜂蜜涂在水果或肉类上。男人和大一点儿的男孩子每天都在寻找蜂蜜，他们不仅袭击蜜蜂的巢穴，还袭击了至少6个无刺蜂的巢穴。尽管按照习俗，女人通常不会携带用来捣毁较大蜂巢的斧子，但她们还是会采集无刺蜂的蜜。当阿丽莎及其同事把多年的观察数据加总后，他们发现蜂蜜为哈扎人提供了15%的热量。“这还只是保守估计。”她说，因为这个数据不包括从蜜蜂幼虫和花粉中获取的营养物质，毕竟花粉也被吃掉了。此外，他们的估计没有考虑在营地之外食用的蜂蜜。对男人来说，蜂蜜的热量很高，他们发现蜂蜜时通常会狼吞虎咽，在外面吃下的蜂蜜通常是带回家的1/3到3倍。“他们总抱怨在外面容易口渴。”阿丽莎笑着说，因为他们没有注意到身体需要大量的水来消化摄入的糖，“就像我女儿每次过万圣节一样。”但是，对阿丽莎的孩子来说，一年中只有一个晚上可以放纵地吃甜食，而哈扎人每天都会外出寻找蜂蜜。如果我们的祖先在这个栖息地生活的时候做了同样的事情，或许可以解释很多问题，比如向蜜鸟奇怪的引路习惯。

尽管哈扎人会抓住一切机会跟踪向蜜鸟，但阿丽莎承认她“其实对这些鸟不太感兴趣”。然而，阿丽莎的研究为其他人研究向蜜鸟和人类的相互作用开了一个好头。她认为，人类对蜂蜜的喜爱源于灵长类动物，因为所有现存类人猿都能找到蜂蜜。如果像基因证据表明的那样，向蜜鸟是在300万年前进化产生的，那么当它们出现在东非时，人类的祖先早已经占据森林和稀树草原，足迹遍布邻近地区了。在这种情况下，为什么原始的向蜜鸟会费尽心思吸引夜行獾的注意呢？现在公认的观点是，这种鸟与早期直立行走的人类共同生活，而人类则整天在平原上寻找蜂蜜。现代的向蜜鸟只把注意力集中在人类身上，这一事实并不奇怪，[4]因为这是它们在智人诞生之前就一直在练习的技巧。但对阿丽莎和其他人类营养学家来说，最有趣的蜂蜜故事根本不涉及鸟

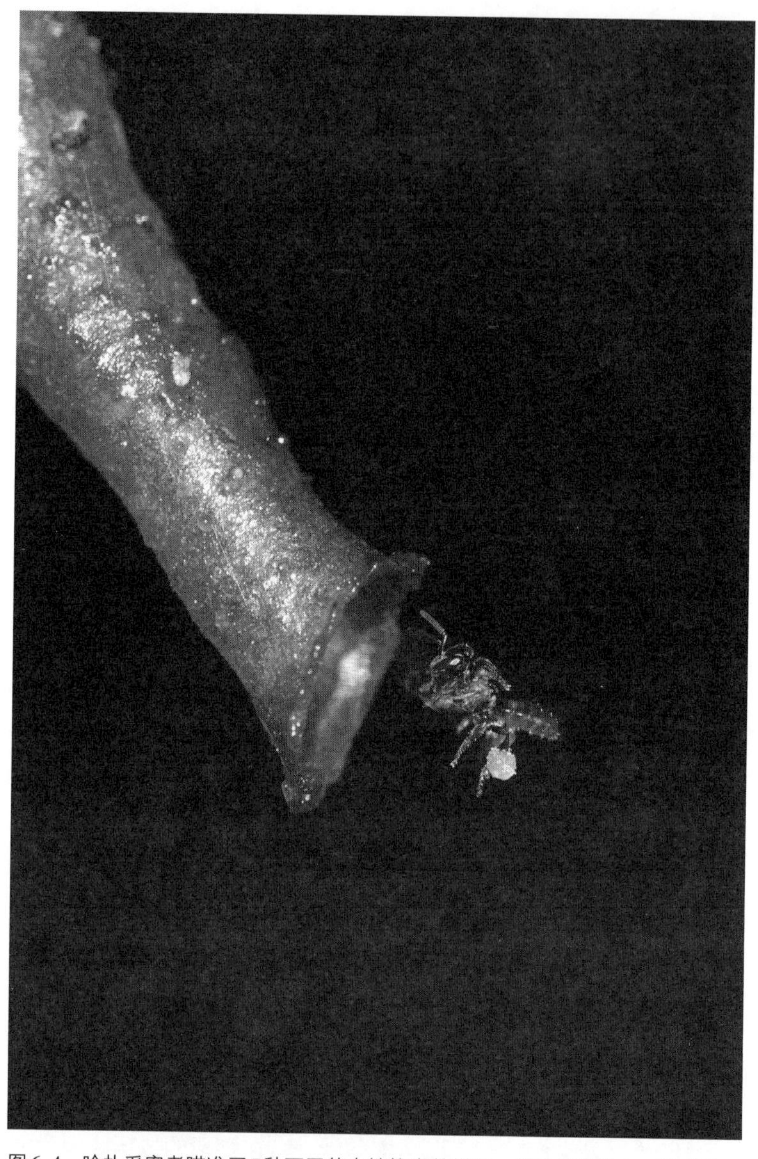

图6–4　哈扎采蜜者瞄准了7种不同的本地蜂类的巢穴，并在蜂巢的入口处建造了精致的树脂隧道（PHOTO © MARTIN GRIMM）

类，而与人类进化的关键步骤有关。

“大脑活动会消耗葡萄糖。”艾丽莎说，这也是人类生物学的一个基本知识。大脑消耗能量是为了保证神经传递等基本功能的正常，所以生理学家认为脑组织“从代谢角度看是昂贵的”。虽然人脑平均只占体重的2%，但它可以消耗人体日常能量的20%。而且，人脑需要葡萄糖形式的能量。[5]为了保持健康，人体会分解我们所吃食物中的淀粉，或者在肝和肾的帮助下，重新组织蛋白质和脂类中的能量。但是，在人类的饮食中，没有哪一种天然食物比蜂蜜的葡萄糖含量更高，一匙蜂蜜中有1/3的热量来自纯葡萄糖，即果糖。“蜂蜜是自然界中能量最丰富的食物。”阿丽莎说。可能正是由于人类需要喂饱饥饿的大脑，所以对蜂蜜产生了渴望。

几乎每一本关于人类进化的优秀教科书中都有一幅叫作“胡桃人”的头骨图像，[6]它是玛丽·利基（Mary Leakey）于1959年在奥杜威峡谷附近发现的南方古猿属标本。它看起来很像人类，只不过脑袋较小，下颚突出，臼齿较大（这是它的绰号来源）。相比之下，人属的头骨则很独特，下巴和牙齿更小，脸庞更平坦，灰质空间也更多。所以，即使是业余人士也能将两者区分开来。大脑尺寸的明显增加是人类进化的标志，现代人的大脑容量是远古胡桃人的2.5倍。对像阿丽莎这样的人类营养学家来说，祖先头骨的每一次变化都会带来关于饮食的重要问题。如果摄入的热量没有增加，早期人类就不可能有多余的能量供更大的大脑去消耗。牙齿变小也能解释部分问题，揭示了人类的饮食结构向更软、更丰富的食物转变。目前的大多数理论都认为，这是由于人类祖先通过狩猎增加了肉类的摄入，并发明了获取块茎植物和其他新食物的工具。另一个潜在因素是对火的应用，它让人类了解了烹饪的营养优势。阿丽莎及其同事在饮食创新列表中添加了“蜂蜜”一项，对人脑来说这是最高效的食物。

“现在有动力了，”阿丽莎曾告诉我，“因为蜂蜜越来越受欢迎了。”她解释了原始人类的蜂蜜消费记录为什么不可能保留下来。与其他饮食习惯和进步不同的是，蜂蜜没有留下独特的工具、烧焦的炉灰或屠宰的痕迹。这可能是保存偏见的另一个例子，即过分强调那些留下清晰文物痕迹的事件，以致蜂蜜的历史价值一直被忽视。但是，我们现在可以通过新技术精确地从最微小的污渍和残留物中找出化学指纹。我们从数千块陶器上的蜂蜡和可能是世界上第一块牙齿填充物中，找到了令人信服的证据，证明了在新石器时代初期就已存在蜂蜜。[7]阿丽莎关注的是更古老的时期，所以她把希望寄托在曾被人类学家视为瑕疵的东西上，即牙菌斑。

“我们以前经常清洗牙齿样本。”她边说边用手做了一个刷洗动作，“但现在我们知道怎样做会更好。”虽然一块没有尘土的化石在博物馆展览时可能观感不错，但清洁的过程会去除散落在化石缝隙中的关键数据。化石上的斑块包含了大量关于原始人类饮食的惊人信息，甚至还有社会行为的相关线索。例如，研究人员最近在尼安德特人的牙菌斑上发现了属于人类的口腔微生物，所以两个物种可能曾经一起吃过饭。另一种更具争议性的可能是，两个物种在史前接过吻。[8]阿丽莎相信，通过分析正确时间段的斑块，蜂蜜的痕迹可能会出现在人类进化史的所有关键节点上。像狩猎一样，蜂蜜为人类的祖先完成复杂的任务提供了丰富的营养支持。就像人类最初的合作、对工具和火的使用一样，蜂蜜赋予了人类相似的动力。[9]在这个过程中，人们使用石斧、石刀和其他石制工具提高狩猎的效率，同样想方设法获取隐藏在树上的更大蜂巢。火既可以以烹饪的方式给人类提供营养，也可以熏出蜜蜂。如果人类的祖先确实像哈扎人一样定期寻找蜂蜜，[10]那么人类社会发展的每步都会伴随着热量的大幅增加。而且，正如阿丽

图6–5 哈扎人采集的野生蜂巢是一种营养上的意外收获，液态蜂蜜提供了大量热量，充满蜜蜂幼虫和花粉的蜂巢提供了蛋白质和其他营养物质（PHOTO © ALYSSA CRITTENDEN）

莎多次提醒我的那样，蜂巢中还有幼虫和花粉，它们也可以提供额外的热量、蛋白质和重要的微量元素。综上所述，这些饮食研究为人们了解蜜蜂（和向蜜鸟）如何影响人类进化，以及如何促进人类祖先的大脑发育提供了有力证据。从人类学的角度说，“蜂蜜使人类在营养方面胜过其他物种”。[11]

智人为什么如此聪明且占主导地位，这一问题始终充满争议，但阿丽莎及其同事成功地用蜂蜜回答了这个问题。他们的理论是对现有理论的补充，而不是取代，因此很快拥有了一席之地。没有人相信食用蜂蜜是人类进化的动因，但也少有人否认它是原始人类饮食中一个颇有价值且营养丰富的部分。起初这个想法之所以吸引我，是因为它提到了人类与蜜蜂的联系。我也很钦佩阿丽莎及其同事将这个联系从有趣的观察发展成简单的看法，再发展成更全面的理论，你可以从阿丽莎个人网站上长长的出版物列表中了解一二。在谈话即将结束时，阿丽莎将她开头说过的话又说了一遍，这也是她所有工作的基础，“人类是如何用这样的身体行走和生活的？”然后，她就去幼儿园接女儿了，这让我想起了她关于哈扎部落的儿童饮食习惯的研究。

年少的狩猎采集者喜好甜食也不足为奇。不论在世界的哪个角落，未成年人对糖的耐受性明显高于成年人，尤其是在骨骼生长的活跃期，他们的身体渴望从容易消化的食物中快速获取能量。哈扎部落的孩子们一开始瞄准的是无花果、浆果、块茎和靠近营地的猴面包树果实。但很快，他们就了解到某些种类的无刺蜂会在他们容易够到的地方筑巢，比如中空的树枝或地下。当男孩们长大后，可以使用传统的男性工具——斧头时，他们就开始寻找在树上筑巢的蜜蜂，并跟踪蜜蜂向导去往最大、最丰富的蜂巢。这些甜蜜的“宝藏”大部分都会被他们当场吃掉，这可能有助于促进青春期男孩的快速成长。对糖的渴望和不断生长的身体这两种因素或许可以解释为什么世界各地的孩子们虽然生长在不需要寻找蜂巢的文化中，但仍然没有放弃寻找野生蜂巢。

图6–6　当身体需要易吸收的热量时，处在活跃生长期的孩子对糖的渴望达到了峰值。在廉价的精制糖（比如老式广告中宣传的葡萄糖）出现之前，农村地区的孩子们常通过寻找野生蜂巢来获取糖分（IMAGES COURTESY OF SALLY EDELSTEIN COLLECTION）

在驯养蜜蜂进入农业生产后，定期寻找野生蜂蜜就变得没有必要了。尽管如此，驯养蜜蜂仍然是一种防御性强、抵抗行为激烈的动物。因此人们还是需要使用烟熏和其他技术，来掌控蜜蜂。然而，大多数性情温和的蜜蜂很容易受到急躁又贪甜的人们的伤害。就算到了现在，乡村地区的儿童仍有类似的行为。昆虫学家法布尔认为他对昆虫的迷恋并非源于教科书或大学课堂，而是源于看到一个男孩子从蜂巢里采集蜂蜜的经历。在日本，孩子们把蜂粮的味道比作一种由大豆粉和蜂蜜混合而成的流行甜点，一种常见的壁蜂在当地被称为“豆粉蜜蜂”。熊蜂的蜂蜜则更具吸引力，人们不惜冒着被蜇的风险也要得到这种甜度适中的美食。在19世纪，搜索熊蜂巢穴是一项标准的儿童活动，它甚至被写入了诗歌，比如《女孩和男孩的音乐和欢乐》：

熊蜂，跳支吉格舞吧，
为我做一点甜甜的蜜吧，
去酿更多的蜜，
然后把它放到储存罐里……
你舞动依然，
于是我跑到蜂巢查看，
真是感谢你，勇敢的熊蜂，
感谢你，做出的蜜金光闪闪。[12]

上述行为一直很普遍，直到1909年，一篇提倡保护蜜蜂的文章记录了这样一则逸事：“昨天早上，一个男孩走进了我的办公室，告诉我有一群男孩刚刚洗劫了熊蜂巢穴，抢走了蜂蜜……这个国家的乡村或小镇里的男孩最了解熊蜂了，特别是在第二次收获红花苜蓿的季节。”[13]

然而，到了20世纪后半叶，情况有所改变。20世纪70年代的我还是一个“普通乡村或小镇男孩”，但我在童年时期完全没有与本地蜜蜂接触过——我从来没有从壁蜂巢穴里偷过蜂粮，也没有和朋友们一起袭击熊蜂巢。当我们想吃甜食时，我们做了所有孩子都会做的事——买糖果。由于自身态度的改变和精制糖的出现，我们这一代人（包括那些热爱大自然的人）在童年时期已经失去了寻找蜜蜂和蜂蜜的冲动。现在，作为一个中年人和一位生物学家，我突然发现自己想弥补曾经缺失的经历。当我的儿子到了哈扎部落的儿童开始学习觅食的年龄时，我发现我们可以“共谋大事”了。

# 第7章

# 饲养熊蜂

有些追求，虽非浪漫或真实，

但至少表现了一种高贵或美好的自然关系。

例如，饲养蜜蜂……

就仿佛给人类社会注入了一缕晨光。[1]

*

亨利·大卫·梭罗

《重获天堂》(1843)

“我听到一只蜂的声音！”诺亚喊道，他本来在低头摆弄他的玩具挖掘机。和许多小男孩一样，诺亚十分喜爱玩具车。在过去的一个小时里，他耐心地推平了我办公室前的一小块泥地。(我把果园的一个棚子改造成办公室，并把它叫作“浣熊小屋”，以纪念它曾经的主人。)蜂可以转移诺亚的注意力，这让我非常高兴。而且，我们等着它们光顾有好几天了。

当一只蜂绕过小屋的一角，在门廊徘徊时，我们俩都一动不动。它从外墙上的一个孔向上移动到屋檐，沿着我给燕子筑的巢上的一个狭窄的架子爬行着。当熊蜂再次向下移动时，我屏住呼吸，看着它靠近固定在门廊屏风上的一个特别装置。正如一个位置优越的干燥壁架可能会吸引燕子前来筑巢一样，诺亚和我希望我们的独特木箱也能吸引蜂的到来。过往的失败让我们在这个季节进行了创新：我们在门口钉了一只旧雨靴，作为入口。把雨靴从脚尖的位置剪开，使它紧紧地与箱子侧面的一个洞贴合，雨靴上方的开口则朝着果园的方向。这只蜂在半空中盘旋了一会儿，又在屋檐和屏风之间徘徊。然后，像被一种奇怪的力猛拉了一把，它径直冲向了靴子。

“是熊蜂吗？”诺亚急切地问。我点点头。识别熊蜂通常不太容易，需要有标本、立体显微镜和清晰的特征视图，如翅脉、吻舌长度，在某些情况下还需要观察雄性生殖器上的切口和凹槽。但当你看到一只飞行的熊蜂时，有一个很好的经验法则可用于辨识它：如果它戴着一顶羊毛帽，身披两层法兰绒，穿着羽绒背心，它就是一只熊蜂。很少有昆虫能适应寒冷的天气，然而，熊蜂能暂时将翅膀从飞行肌肉上卸下，只抖动肌肉，在胸部产生热量，并将其传递到它们毛茸茸的绝缘良好的身体上。这项技能可以让它们在各种各样的天气条件下达到适合飞行的温度。因此我知道，在这样一个刮着大风的下午，除了熊蜂，没有其他蜂可以飞行。那天是3月2日，从冬眠中醒来不久的熊蜂蜂王冒着寒冷寻找适合筑巢的地方，准备开始它的殖民统治（繁殖、构建一个蜂群）。

熊蜂悄无声息地穿过靴子的前端，进入箱子。我试着想象它在黑暗中被我们设置的各种诱惑吸引的样子，比如筑巢的棉花、一小杯柳兰蜂蜜。英国昆虫学家弗雷德里克·威廉·兰伯特·斯莱登曾经在他的蜂箱里装入人工切割的草、亚麻纤维碎片，他甚至用墨水滴管喂养蜂。此外，他还把融化的蜡放置于“浸湿的木棍一端”，[2]制作了人造蜂蜜罐。斯莱登把这些养蜂的细节都写进了《卑微的熊蜂：它的生活史和如何驯养它》，为满腔热情的熊蜂饲养员提供了详细的建议。在这本书出版后的一个世纪里，人们基本上已经忘记了熊蜂这个迷人的名字，但熊蜂仍然离我们很近，昆虫学家称它们为蜜蜂界的“泰迪熊”。而且，像蜜蜂一样，一些熊蜂物种已经成为重要的经济作物授粉者。它们非常擅长“超声授粉”或“声震授粉”，即以恰当的频率振翅，将花粉抖落在难开花的番茄上。但如果斯莱登还活着，他问诺亚和我的第一个问题很可能不是关于熊蜂科学的发展，而是关于靴子的。

在自然界中，熊蜂蜂王一般会寻找被舍弃的老鼠洞或兔子洞、岩石的裂缝、中空的木头或啄木鸟留下的树洞来筑巢。它们需要一个干燥又封闭的地方，有足够的空间容纳整个蜂群，因为到这个季节结束时蜂群可能会发展到几百只的规模。所有备选项都有一个共同的特征：一个带入口的暗洞。这使得熊蜂蜂王对人类世界中阴暗的缝隙和洞产生了永不满足的好奇心。威尔特郡人常把含糊不清的说话声比作陶罐里熊蜂的嗡嗡声，这也意味着在陶罐里发现熊蜂曾经很常见。事实上，人们在各种意想不到的地方发现了熊蜂巢，比如茶壶、喷壶、排水管、烟囱、排气管，甚至还有卷起的地毯。在这份清单上，我添加了胶靴：当我把脚塞进靴子里时，我被狠狠地蜇了一下。

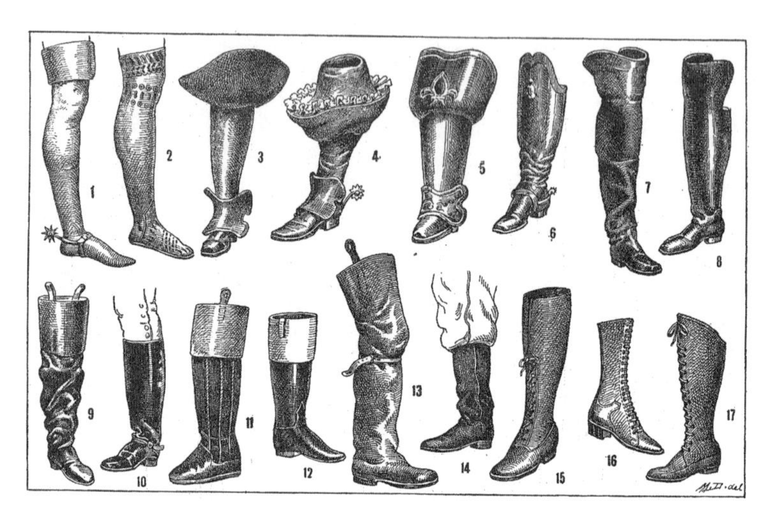

图7–1　胶靴的开口又深又黑，是熊蜂蜂王筑巢的好选择，尤其是当你在春天不小心把胶靴放在门廊上的时候（Image from Paul Augé, *Larousse du XX siècle*, 1928）

这件事发生在浣熊小屋的走廊上，我在里面工作了几个小时，沾满泥的胶靴一直放在那里。（在冬天和春天的大部分时间里，我都会穿着及膝的橡胶靴，因为从家到小屋的那部分道路满是淤泥。）蜂王显然非常喜欢这个黑暗且舒适的地方，它已经开始打扫房间了，直到我那讨厌的脚趾伸了进来，把它准备好的一切破坏了。我甩开靴子，看见它急忙飞了出去，另寻更好的住处。尽管我很痛苦，也很惊讶，但这股刺痛给了我一丝希望：或许我可以试着将蜂王吸引到一个“巢穴”里去！几年来，我多次在浣熊小屋的走廊上尝试构建一个熊蜂群，但都以失败告终。不过，这里对蜂王而言似乎是一个理想的地点——安静、阴凉，周围是开花的果树和浆果灌木。而且，我妻子的花园里花朵盛开，离浣熊小屋也很近，这又是一个加分项。虽然我尝试过利用排水砖、花盆、连着花园水管的纸箱，但事实证明，没有一只路过的蜂王会放慢脚步看上这些东西一眼。前一年，我和诺亚捕获了几只蜂王，并将它们转移到从布莱恩·格里芬公司购买的一个精美观察箱中，但它们最终还是逃走了。而现在，我把一只靴子挂到蜂箱入口处才两天，就引来了一位潜在的房客。

嗡嗡声突然变大了，蜂王出现了，它在靴子、屏风和门廊周围的飞行范围越来越大。“它正在试图记住这个位置。”我低声对诺亚说。科学研究表明，蜜蜂会利用偏振光和太阳位置等一系列视觉线索来导航，并且有越来越多的证据表明它们的大脑也能形成一幅关于周围环境的详细的心理地图。在黑暗的蜂箱里安家的熊蜂和蜜蜂能从6英里外的地方返回家园，兰花蜜蜂可以从14英里外的地方回到家。盘旋飞行有助于蜜蜂识别和记住关键的地标，帮助它们确定巢穴的位置或好的食物来源，重新布置这些地标则会导致归途的蜜蜂迷路。我很想知道，熊蜂成为我的邻居，是不是意味着我再也不能移动草坪耙、梯子、躺椅或其他放在门廊上的东西了。就在这时，蜂王飞走了，它穿过果园，乘着微风消失在草地上。过了一会儿，它又回来了，好像在测试自己的心理地图，随后又检查了一下那只靴子。我咧嘴一笑，和诺亚击掌庆祝。我们总算有了一个良好的开端。

历史上，亚里士多德、毕达哥拉斯、奥古斯都、查理大帝和乔治·华盛顿等都是著名的养蜂人，养蜂的风潮在亨利·方达、彼得·方达、斯嘉丽·约翰逊、玛莎·斯图尔特等名人的推动下延续到了现代。文学家维吉尔和托尔斯泰都养过蜂，托尔斯泰在《战争与和平》中用两页纸的篇幅描绘了等待拿破仑军队撤离的莫斯科，并把它比作“垂死的、失去了蜂王的蜂巢”。[3]亚瑟·柯南·道尔虽然没有养过蜂，但他暗示了养蜂是福尔摩斯退休后唯一的灵感来源。在《最后一鞠躬》的最后一个案件中，福尔摩斯向华生描绘了他的蜜蜂：“我看着那些喧闹的蜜蜂，就像看到伦敦的犯罪团伙一样。”[4]养蜂不仅出现在莎士比亚的比喻中，也出现在科学研究报告、实用手册中，[5]但几乎所有的历史和文学作品都只描述了一个物种：蜜蜂。所以，我和诺亚养熊蜂这件事是一条没有人走过也没有人会在意的小路。事实上，有一个名人写过关于熊蜂属的知识，但很少有人知道她做过这件事。

在她生命的最后一年，西尔维娅·普拉斯用传统的方式养蜂，并写了几首关于蜂类的诗，但她的早期作品用过大量关于蜜蜂的隐喻。[6]在当时的主要文坛人物中，她是唯一一个在诗中使用“越冬巢”一词的人，它指的是怀孕的熊蜂蜂王用来过冬的浅穴。西尔维娅在北美最伟大的熊蜂专家的陪伴下度过了童年，以最自然的方式获得了这些知识。尽管文学评论家们把西尔维娅的父亲奥托·普拉斯（Otto Plath）视为不祥的存在（在他女儿的诗歌中如鬼魅一般），但昆虫学家却记得他。奥托的经典作品《熊蜂及其生活方式》与斯莱登的著作有几分相似之处，显然，他的一些知识对童年时期的西尔维娅产生了影响。西尔维娅儿时的朋友都说她是一位敏锐的自然学家，她的作品讨论了昆虫学中的各种话题，比如独居的蜜蜂、寄生的虫卵等。自传体故事《在熊蜂中》是西尔维娅根据她和父亲的一次亲身经历写成的：父亲捕捉到一只嗡嗡作响的无害无刺的雄蜂，并为此开心不已。[7]我不知道诺亚是否记得我们一起探寻蜂类的冒险，但我知道，如果那只蜂王没有建立起一个殖民地，本章的故事就会很短。不幸的是，情况迅速朝坏的方向发展了。

除了靴子外，我们的蜂箱还有一个特点，那就是它有一个透明的有机玻璃观察窗。通过它，我们能清楚地看到蜂箱里发生的一切，并且不会打扰里面的居民。我们第一次观察时，发现棉絮在动——蜂王在按照它喜欢的方式重新布置这些棉絮。很快，它就开始做蜜罐、产卵。一段时间后，这个蜂箱传出了翅膀扑腾的声音。然而，没过多久，我听到浣熊小屋的走廊上出现了一种完全不同的声音，那是一只鹪鹩的独特叫声。我走近一看，熊蜂不见了。那只靴子里塞满了树枝，变成了一个鹪鹩窝。[8]我喜欢鸟，也试图对这次挫折持冷静态度。但诺亚很生气，因为鹪鹩赶走了我们珍视的蜂王，他对整个鹪鹩物种都产生了深深的仇恨。祸不单行的是，我们后来了解到鹪鹩还袭击了当地的蜂群。在这个季节快要结束时，我们把鹪鹩用树枝和羽毛搭建的窝扯了下来，发现窝里毛茸茸的，而这种绒毛只可能是从黄斑蜂的巢穴里抢来的！

虽然鹪鹩让我们养熊蜂的计划落空，但诺亚和我从这次经历中也学到了一些东西。当春天再次来临时，我们去了当地的旧货市场，那里有各种各样的旧靴子，还有茶壶、陶罐和喷壶。我们希望给鹪鹩提供足够的居住空间，并引来熊蜂蜂王，在某种程度上，这和一个吸引蜜蜂的古老把戏如出一辙，只是对象换成了熊蜂。在哈扎人劈开树上的蜂巢取走蜂蜜后，他们经常用石块或泥土来修复受损的蜂巢，希望蜜蜂能再次回到同一个蜂巢中。（修复蜂巢对于哈扎人有两个明显的好处：一是他们知道在哪里能找到蜂巢，二是再次获取蜂蜜会更容易。）早期的非洲养蜂人顺理成章地迈进了一步：在蜜蜂可能会出现的地方放置空心原木，以捕捉野生蜂群。现在那里的养蜂人仍在使用这种方法，所以一些非

图7–2　传统的非洲养蜂方式是将野生蜂群吸引到中空的原木或其他“家园”中筑巢。在这张摄于埃塞俄比亚的照片中，数十个潜在的蜂巢像鸟巢一样悬挂在一棵金合欢树上（PHOTO BY BERNARD GAGNON VIA WIKIMEDIA COMMONS）

洲的蜜蜂种群处于一种半驯养的独特状态。

当蜂巢发展到足以产生新的蜂王和发生分蜂时，蜜蜂就会成群地聚在一起，这样的情况有时一年中会发生多次。但是，熊蜂蜂巢只在春天或初夏才会出现，因为那时蜂王刚刚苏醒并开始构建巢穴。这种季节性差异根深蒂固，也解释了这两种常见蜂类之间的诸多区别。蜜蜂是在热带和亚热带气候条件下进化而来的，蜂巢全年持续存在，蜂群数量庞大，需要复杂的社交和沟通方式来维持秩序。相比之下，熊蜂主要生活在温带地区，在冬季的严寒地区蜂王会冬眠。熊蜂蜂王的生理特征强调即时性，工蜂根据需求在各种任务和社会角色之间切换，以便在一个季节里保持生产力。阿尔卑斯熊蜂或北极熊蜂必须在几周内完成它们的整个蜂群周期。由于蜜蜂一年四季都在活动，生产了大量的蜂蜜，足以在旱季、寒潮期、雨季等维持数万只工蜂的生命。熊蜂也会酿制美味的蜂蜜，但它们的生产能力较弱，只够在下雨时喂养少量熊蜂。

随着春季的到来，岛上的天气越来越好了，我和诺亚对果园周围的靴子和茶壶寄予厚望。为了以防万一，我也开始阅读有关寻找蜜蜂踪迹的文章或书籍。在缺乏向蜜鸟的地区，狩猎采集者学会了在花间捕捉觅食的蜜蜂，并把花瓣、树叶或羽毛粘在它们身上，这样，当它们返回巢穴时就更容易暴露行踪。另外，听觉也是一种重要的跟踪手段。据报道，在刚果东部，姆布蒂人每次外出采集蜂蜜都会通过倾听蜜蜂的嗡嗡声来精确定位蜂巢。这种例子给了我新的希望：即使蜜蜂不在我们设计的巢穴里安家，我们依然有办法找到它们的巢穴。事实证明，这件事说起来容易做起来难。

初春的两个晴天让我们第一次看到了期待的蜜蜂，但随后雨水、寒冷和风暴袭击了我们的岛屿。天气非常恶劣，对我们这些在太平洋西北部出生和长大的人来说尚且如此，对蜜蜂来说情况就更糟糕了。那些从冬眠中苏醒的蜂王，发现自己在寒冷的世界里消耗着宝贵的能量储备，却看不到几朵花，湿漉漉的它们只能依赖偶尔开花的番红花或水仙花。之后情况终于有所好转，但错误的开端已经造成了巨大的损失。在我们搭建的所有巢穴里，我们只发现了一只黑橙相间的蜂王，它爬到了浣熊小屋门廊上的一只靴子里，死掉了。像其他许多熊蜂一样，它败给了寒冷、潮湿和饥饿。

幸运的是，并非所有熊蜂都是平等的。正如西尔维娅·普拉斯熟知的一样，从冬眠中苏醒的蜂王不仅是一个开始，也是一种延续。春季熊蜂的数量和健康状况取决于前一年夏季的物种繁衍情况。每到季末，曾经的蜂王、工蜂和雄蜂都会死去，把所有的希望寄托在下一代蜂王身上。用贝恩德·海因里希的经济学术语来说，那些越冬的新蜂王代表净利润，即由老蜂王投入所有的努力和能量产生的繁殖收益。新蜂王及与之交配的雄蜂会在季末出生，它们的数量取决于蜂巢的资源状况。一个资源很少的蜂巢或者遭受寄生虫、疾病侵袭的蜂巢，可能连一只新蜂王都无法产生。但在一个资源充裕的蜂巢，蜂群的规模将变得庞大，可以繁殖出成百上千个体形健壮的后代，从而更好地度过严酷的冬天或反常寒冷的春天。最后，熊蜂为了规避风险而一步步进化。苏醒条件一旦有所改变，蜂王的苏醒时间就会推迟，这是一种预防坏天气、不充足的花朵或其他潜在问题的有效机制。随着时间的推进，诺亚和我发现了更多蜂王，也看到了工蜂，这表明它们已经开始在附近的某个地方筑巢了。在一次去鸡舍的路上，我们初次尝试去寻找一个蜂巢。

在我们家的鸡群中，最长寿的是一只名叫戈登的黄褐色母鸡。它上了年纪后就发胖了，每次都要从鸡舍的窄门里挤进挤出，结果它掉落的羽毛随处可见。这些蓬松的黄色羽毛十分醒目，我们从中挑选了一根鲜亮的羽毛，把它修剪成特定大小，拿回了浣熊小屋。凑巧的是，诺亚在附近的一棵醋栗树上捕到了一只熊蜂。在把我们的实验对象放到冷冻室中进行短暂冷却后（这是一种用来安抚冷血动物的策略），我在这只熊蜂的腹部涂上水溶性胶水，然后把羽毛粘了上去。我们把它放在门廊的最高一级台阶上，然后蹲在附近，穿好靴子，看它往哪里飞。

这只熊蜂的新陈代谢要过一段时间才能恢复正常，但很快它就忙着整理触角，准备逃走。我们看着它紧缩腹部，抖动着身体，把肌肉产生的热量输送到全身。突然，它的一只后足伸了出来，抓住羽毛，猛地将其扯了下来。

在一本流行的儿童诗集中，19世纪的英国诗人萨拉·柯勒律治（Sarah Coleridge）写道："我希望我们能有所感受，尽管这只是其中一隅；熊蜂心中的良善散发徐徐。"[9]柯勒律治女士显然从未试过将羽毛粘在熊蜂身上，如果她看到我们的熊蜂用它的6只足野蛮地将令人讨厌的羽毛团成一个球，在阳光下扬长而去，消失得无影无踪，她可能会写一首不一样的诗。我们尝试了几种不同的方法，但结果大同小异。熊蜂看起来像笨拙的泰迪熊，但它们的足非常灵活，可以触及身体任何部位的花粉。即使是最小、粘得最紧的羽毛，它们也能很快处理掉，甚至能拔掉用线绑着的羽毛。我们又尝试了另一种方法，在蜂的身上撒上亮蓝色粉笔灰，这样它们在树叶或草坪上就显得格外醒目。（马来西亚的木蜂充满活力，长有厚厚的蓝色绒毛，它们在雨林中飞行时，很容易追踪。）不幸的是，用粉笔标记的蜜蜂每次划过蓝天的背景时，就完全消失了，其实我们离它们的隐蔽巢穴只有几步远了。

采蜜者会习惯性地留意蜜蜂的声音，并不断摸索声音和蜜蜂所在位置的关系。于是，我们也准备采取这种方法。只要听到嗡嗡声，我们就转头寻找声音的来源，并开始留意诺亚口中的“可疑熊蜂”，比如一只查看向上翻起的树根的蜂王，或者在没有花粉或花蜜的地方闲逛的工蜂。当看到一只熊蜂从花园附近的一个旧马棚里飞出来时，我们随之发现里面有两个蜂巢。一只锡特卡熊蜂蜂王在一个旧木托盘下定居下来，不到10英尺处是一个废弃的田鼠隧道，那里住着一种长有毛茸茸的触角的熊蜂。[10]我在两个蜂巢的中间地带放了一把折叠躺椅，这样我就可以边观察两个巢穴入口的活动边写书了。事实证明，这是一个高效的写作场所。在这个不受电话和电子邮件打扰的地方，唯一能打断我的就是愉快地飞来飞去的熊蜂。

起初，我只看到两只蜂王锲而不舍地一次又一次飞出去，回来时后足上牢牢地裹着花粉。在蜂巢建立的最初也是最关键的几周里，蜂王不论是收集食物还是产卵，都独来独往。但如果窥视蜂巢内部，你就会知道熊蜂的巢穴和壁蜂、条蜂或碱蜂的巢穴不同。熊蜂蜂王并不是把卵封在单独的巢室里发育，而是像鸟类一样孵卵，利用身体的温度加速卵的发育。我坐在椅子上，可以通过看钟表来猜测两只蜂王在做什么。在巢中卸下花粉或花蜜只需要一分钟，但孵卵时它们可能会在巢穴里待将近一小时。这好像一场比赛，看哪个蜂巢能孵化出第一批工蜂，但当那一刻终于到来时，我却差点儿错过了。

“它们实在太小了！”我在笔记本上记录着，并看到两只黑色的昆虫从旧托盘下的锡特卡熊蜂蜂巢里嗡嗡地飞了出来。它们看起来像家蝇，但腹部有一小簇白色的绒毛。从研究熊蜂的专业角度来说，这些新生的工蜂之所以个头很小，是因为它们的饮食状况不佳。由于蜂王独自抚养它的第一批后代，常常无法提供足够的花粉来帮助它们充分发育。在某种意义上，它会暂时以牺牲蜂巢的规模为代价，建立起一种社会分工，最终形成一个社会性蜂群。保育蜂、警卫蜂和其他工蜂将各司其职，维护一个不断扩大的蜂巢，让蜂王专心产卵。随着采集花粉和照料幼虫的成虫越来越多，接下来的熊蜂后代将比蜂王自己养育的后代体形大10倍。当我发现两只工蜂时，我知道这一切都在进行中。但当我看着它们外出觅食时，我的内心有一种复杂的感觉，因为这意味着我可能再也见不到它们高大笨拙的蜂王外出觅食了。工蜂负责外出采集花粉和花蜜，而蜂王变成了一个产卵机器，蜂巢则由不断增加的育儿室、花粉库和蜜罐组成。事实证明，我再也没能看见蜂王、工蜂或这个蜂巢里的其他熊蜂了。当我再次坐到躺椅上观察时，这个蜂巢已经安静下来了。

图7–3　与蜜蜂蜂巢的有序对称性不同，熊蜂在蜡罐状的巢室里储存蜂粮和养育幼蜂（WIKIMEDIA COMMONS）

达尔文曾将某些野花的命运与家猫的广泛分布联系在一起。他指出，猫吃老鼠，老鼠吃熊蜂蜂巢，而熊蜂是红花苜蓿和三色堇等植物的重要传粉者。[11]他总结道："如果一个地区大量出现猫科动物，它们将首先干预老鼠，然后干预蜜蜂，最终影响该地区某些花的开花频率。这种联系相当可信！"[12]

后来，评论家们将这一理论拓展至英国乡村居民（他们经常养猫）和皇家海军水手（他们吃以苜蓿为食的牛制成的咸牛肉），从而将大英帝国的防御与喜欢养猫的女性数量联系在一起。这则逸事常被视为关于食物链概念的一个有趣例子，它也揭示了达尔文对熊蜂的敏锐洞见。斯莱登、普拉斯和当时的其他生物学家都证实啮齿动物确实捕食熊蜂，特别是像我的锡特卡熊蜂巢穴这样的新筑蜂巢，那里只有少量工蜂守卫。这很好地解释了我拿起旧木托盘后看到的一切。毕竟，我知道外面的田野里住着许多啮齿动物，它们可能是这个巢穴的第一批居民。这个巢穴由两个巢室组成，里面有杂乱的干草、白杨树叶、捆绳、织物和食品包装纸等。没有迹象表明有其他动物入侵，里面也没有死掉或生病的熊蜂。可能的情况是，一只好奇的老鼠或田鼠可能沿着通道进入，击退了工蜂，并吞噬了里面的一切。

失去锡特卡熊蜂巢穴让我感到很难过，但它的消亡也让我收获了一些新的认识。任何一个照料过蜂巢的人都会告诉你，这项任务很艰巨。要建立和维持一个健康的蜂巢，需要克服一系列自然障碍，比如烦人的竞争对手、变幻莫测的天气、食肉动物、寄生虫和疾病等。即使在野外，成功也不是理所应当，而是例外。否则，每只蜂王都能建立一个繁荣的蜂巢，蜂类数量将急剧增加。我们凭借着对熊蜂的喜爱，不断寻找野生蜂巢，无论是我们房子周围的树林还是城市人行道，到处都有我们的身影。我一直在观察蜂巢的繁殖过程，工蜂们忙碌地飞来飞去，几个星期过去了，它们采集的花粉颜色随着我们附近花园的开花情况而变化，从鲜橙色的芦笋花粉到黑色的罂粟花粉，再到白色的甜瓜花粉。我认为，无论蜂类的生物学构造多么迷人，无论我们多么享受蜂蜜和蜂蜡，人类与蜂类最深层次的联系都在于它们对我们饮食的影响。

# 第 8 章

# 人类 1/3 的食物来自蜂类

告诉我你喜欢吃什么，

我就能知道你是个什么样的人。

*

法国谚语

人们常说，人类有1/3的食物来自蜂类。对一个生活在蜂蜜出产旺季的哈扎部落的采蜜者来说，这个数字可能过于保守。对其他人而言，它凸显了蜂类对人类的巨大贡献。它们默默地授粉，是我们农业系统的核心。然而，通过分析数据发现，“1/3”这一比例可能并不准确。全球农作物产量的35%依赖蜂类和其他传粉者，这已经超过1/3了，更何况我们还没有考虑到从肉类、海鲜、奶制品或鸡蛋中获得的所有热量。就食物品种而言，这个比例应该是3/4：在最主要的115种作物中，有超过75%的作物离不开或受益于授粉者。营养学家的衡量方法不太一样，他们认为依赖传粉者的水果、蔬菜和坚果为人类提供了超过90%的维生素

C、所有的番茄红素，以及绝大多数的维生素A、钙、叶酸、脂类、各种抗氧化剂和氟化物。

授粉显然会对我们的食物供应产生很大影响，但蜂类的贡献大小具体取决于你吃的是哪类食物。饲养奶牛和其他可食用动物无须授粉者的参与，而馒头和大米等主食则来自风媒授粉的草。如果你想给肉调味，或者在面包上撒些坚果，情况就会变得更复杂。我们与其把重点放在蜂类如何影响食物数量上，不如着力研究它们对食物质量的影响。在没有蜂类的世界里，我们仍然可以找到吃的东西，但我们的食物会是什么样子呢？去逛一逛农贸市场，你就会发现，我们的选择只剩下少量谷物、一两种坚果和像香蕉一样古怪的无性繁殖水果，而像豌豆或茄子这样的自花授粉植物最初都是从蜂类授粉的物种进化而来的。显而易见，我们可以选择的水果和蔬菜的种类大大减少。为了真正了解蜂类在人类的食物供应方面的普遍作用，我决定去一个出人意料的地方寻找它们。最终，我在全世界100多个国家每天供应250多万次的一种食物中找到了。这种食物的成分很简单，乍一看，它似乎与蜂类没什么关系。我知道这一点是因为，像其他数百万人一样，我能轻易地说出它的食谱。

1967年宾夕法尼亚州的一家麦当劳餐厅推出了巨无霸汉堡。几年后，它进入了全美麦当劳的菜单。但直到1975年，它才风靡全美，因为麦当劳公司发布了有史以来最成功的广告语：“两个全牛肉饼、特制酱汁、生菜、奶酪、泡菜、洋葱，通通放在撒有芝麻籽的面包之间！”[1]只要顾客在3秒钟内完整地说出这句话，他们就可以免费得到一个巨无霸汉堡。虽然我上了高中后再也没吃过巨无霸汉堡，但我仍然记得那种味道，于是我开始想蜂类和它之间存在什么关系。

我居住在一个小岛上，空气清新，清晨有鸟的鸣叫声，还有现成的柴火供应。但想在午饭时间赶到最近的麦当劳餐厅，我就得在早餐后动身。乘坐一个半小时的渡船后，我骑着自行车来到了最近的城镇。当走进麦当劳餐厅时，我真的饿极了，恨不得一拿到汉堡就一口把它吞掉。排队点餐期间，我听到油炸锅和烤箱的定时器不时响起，我看到厨房里的人肩并肩地站着，以极快的速度制作和包装汉堡。我试着看清楚他们如何制作巨无霸汉堡，但他们的手速太快了，根本看不清。

对那些从未吃过巨无霸汉堡的人来说，它不过是三层面包夹住两层肉，而且每层都有酱汁和洋葱。但仔细观察后可以发现，生菜位于第一块肉饼之下，奶酪位于第二块肉饼之下，在生菜丝和洋葱碎上淋好酱汁，塞到两个肉饼下面。我用镊子和手镜逐层分解汉堡，想丢掉蜂类参与的部分。以下是我的研究结论。

两个全牛肉饼可以保留。麦当劳的肉类来源于几个主要的经销商，而这些经销商是从数千个农场和牧场购买牛肉的。有的牛可能会啃食一点儿蜂类授粉的苜蓿或三叶草，但肉牛的绝大多数食物是风媒授粉的草和谷物。[2]在调味料方面，麦当劳会在牛肉中加盐，也会在牛肉中撒上胡椒粉。黑胡椒来自一种胡椒属的热带藤蔓植物，原产于印度南部，无刺蜂会光顾这种植物的花朵，但它们大多是自花授粉或风媒授粉。因为牛肉上的胡椒粉末太少了，所以它们可以保留。

除此之外，巨无霸的酱汁也值得一提。它有点儿像千岛酱，这种乳脂状、略带粉色的酱汁包含一种由蜂类授粉的黄瓜制成的甜泡菜成分，还有洋葱（一种需要蜂类授粉来产生种子和培育新品种的葱蒜类蔬菜）粉。酱汁的颜色来自辣椒粉、胡椒粉和姜黄，其中姜黄是蜂类授粉的姜科草本植物的根。酱汁的乳脂来自大豆油或菜籽油。虽然大豆可以自花授粉，但蜂类授粉可以使大豆产量提高15%~50%。芥花油[3]也需要依赖蜂类的授粉。如果没有蜂类，酱汁中就只剩下玉米糖浆、蛋黄、防腐剂和一些次要成分，比如海藻酸丙二醇（一种从海带中提取的增稠剂）。

我去掉了一些调味汁，又丢掉了大部分生菜，因为这些生菜可能也得到过蜂类的帮助。虽然我们只吃生菜的叶子，而且这种植物可以通过自花授粉产生种子，但汗蜂和其他蜂类也会光顾生菜的花，[4]大大提高授粉率，并且给相距130英尺的植物授粉。更重要的是，如果没有蜜蜂的帮助，麦当劳最喜欢用的脆生菜就不会出现。著名的种子研究者华盛顿·阿特利·伯皮（Washington Altee Burpee）在19世纪90年代早期于宾夕法尼亚州的农场进行了一系列开放授粉实验，培育出“冰山生菜”这个新品种。

来自奶牛的另一种食品——巨无霸汉堡中的那片奶酪，看似和蜂类扯不上关系，但有研究表明，奶牛食用了世界上绝大多数的苜蓿。按照我的经验，这些苜蓿主要依赖彩带蜂和切叶蜂授粉。由于苜蓿的蛋白质和矿物质含量较高，它们成为生产牛奶的理想饲料。对于每一头哺乳期的奶牛，行业指导建议，每日应配给14~16磅苜蓿。当然，奶牛也可以只靠吃草维持生存，但由此产生的乳制品不会很丰富，价格却更贵，不太可能出现在廉价的汉堡里。这个观点尚存争议，但苜蓿并不是蜂类影响奶酪的唯一途径。奶酪中还含有一种从大豆中提取的乳化剂。此外，奶酪独特的黄色来源于红木的种子，红木是一种热带树木，依靠南美熊蜂授粉。于是，我去除了巨无霸中的奶酪。剩下的配菜还有与蜂类明显有关的泡菜和洋葱。最后，只剩下面包了，我从巨无霸的成分表中得知除了小麦粉之外，面包中还有15种配料。像小麦粉一样，这些配料大多与蜂类无关，除了芝麻籽。芝麻作为世界上

图8–1　一个巨无霸汉堡的分解图，左边是与蜂类受粉（基本）无关的牛肉饼和面包，右边则是所有依赖蜂类授粉的配料，包括生菜、酱汁、芝麻籽（PHOTO © THOR HANSON）

最古老的栽培植物之一，很久以前就有了自交结实的品种。没有人研究过芝麻的生物学原理，但其艳丽的、两侧对称的花朵表明它早期一定是靠蜂类授粉的。因此，在隔壁桌一家人充满好奇的目光的注视下，我用镊子把面包上的243颗芝麻逐一去除，只保留了面包。

我把依赖蜜蜂授粉的配料都去除了，现在我的巨无霸看起来相当单调，让人没有食欲。如果是这副样子，很难想象它会成为世界上最受欢迎的汉堡。当然，广告语也不那么吸引人了："两个全牛肉饼，还有面包。"同理，我们也可以将一顿饭解构，检查其有无受到蜂类的影响。试试看，你就会知道我学到了什么：是的，我们仍然可以在一个没有蜂类的世界里找到食物，但它们会非常枯燥（而且没有营养）。看着自己手中乏味的午餐，我发现就算再吃一份炸薯条也无法安慰自己。麦当劳的薯条是由伯班克土豆制成的，这种土豆是由著名的植物育种专家卢瑟·伯班克（伯皮的表亲）用一种开放授粉的早期土豆品种培育出来的。当然，如果蘸着依赖蜂类的芥末酱或番茄酱吃薯条，就另当别论了。最后，我做了一件在没有蜂类的世界里不得不做的事情：我吃掉了那个只剩下牛肉饼和面包的巨无霸。

无论是从数量、种类、营养还是从味道来衡量，我们吃的每一口食物都与蜂类授粉有关。[5]但值得一提的是，其他动物也能帮助农作物授粉，比如苍蝇、泥蜂、蓟马、鸟类、甲虫、蝙蝠，还有人类。孟德尔在他的开创性遗传学研究中，对超过10 000株豌豆进行了人工授粉，现代植物育种专家也使用类似的技术来创

表 8–1　150 种需要蜂类授粉或能从蜂类授粉中受益的作物。其中有些作物完全依靠蜂类来结果或产生种子，另一些则在有蜂类授粉时产量明显增加

| | | | | | |
|---|---|---|---|---|---|
| 苜蓿 | 哈密瓜 | 蔓越莓 | 韭菜 | 西芹 | 迷迭香 |
| 多香果 | 葛缕子 | 黄瓜 | 柠檬 | 防风草 | 花楸 |
| 扁桃仁 | 豆蔻 | 孜然 | 扁豆 | 百香果 | 芜菁甘蓝 |
| 茴香 | 胡萝卜 | 露莓 | 生菜 | 桃子 | 红花 |
| 胭脂树 | 腰果 | 小茴香 | 酸橙 | 花生 | 鼠尾草 |
| 苹果 | 木薯 | 榴莲 | 枇杷 | 梨 | 美果榄 |
| 杏树 | 花椰菜 | 茄子 | 荔枝 | 灯笼椒 | 芝麻 |
| 洋蓟 | 根芹菜 | 接骨木莓 | 夏威夷果 | 柿子 | 大豆 |
| 芦笋 | 芹菜 | 莴苣 | 柑橘 | 木豆 | 太阳果 |
| 鳄梨 | 佛手瓜 | 大茴香 | 芒果 | 西班牙甘椒 | 杨桃 |
| 巴巴多斯樱桃 | 樱桃 | 甜茴香 | 马郁兰 | 梅子 | 甜叶菊 |
| 罗勒 | 板栗 | 葫芦巴 | 枸杞 | 石榴 | 草莓 |
| 月桂叶 | 鹰嘴豆 | 亚麻籽 | 小米 | 柚子 | 甘蔗 |
| 豆子（各种） | 红辣椒 | 大蒜 | 紫皮葡萄 | 马铃薯 | 向日葵 |
| 佛手柑 | 小葱 | 葡萄柚 | 甜瓜 | 仙人果 | 红薯 |
| 黑加仑 | 枸橼 | 落花生 | 芥菜 | 南瓜 | 罗望子 |
| 黑莓 | 云莓 | 番石榴 | 油桃 | 榅桲 | 蜜橘 |
| 蓝莓 | 三叶草 | 欧李 | 肉豆蔻 | 菊苣 | 百里香 |
| 巴西栗 | 丁香 | 菠萝蜜 | 油棕 | 萝卜 | 黏果酸浆 |
| 面包果 | 椰子 | 红枣 | 秋葵 | 红毛丹 | 番茄 |
| 西兰花 | 咖啡豆 | 甘蓝 | 洋葱 | 油菜籽 | 芜菁 |
| 孢子甘蓝 | 羽衣甘蓝 | 猕猴桃 | 橘子 | 覆盆子 | 香草 |
| 荞麦 | 香菜 | 球茎甘蓝 | 牛至叶 | 红醋栗 | 西瓜 |
| 卷心菜 | 棉花 | 可乐果 | 番木瓜 | 红胡椒 | 山药 |
| 油菜 | 豇豆 | 金橘 | 甜椒 | 蔷薇果 | 西葫芦 |

图8–2　人工授粉。布赖恩 · 布朗在加州莫哈韦沙漠的枣园里为椰枣授粉（PHOTO © THOR HANSON）

造新的杂交品种。但对经济作物而言，人工授粉过于费时耗力，只能算作权宜之计。[6]不过，也有一个例外，那是一种甜甜的热带水果，古埃及人和古巴比伦人曾将其誉为圣果。目前这种水果只在世界各地的沙漠中种植，年产量超过750万吨，比鳄梨、樱桃和覆盆子的产量加起来还要多。种植者每年要花几个星期为这种水果授粉。除此之外，几乎没有其他农作物如此耗费人力，这也更加凸显出蜂类的伟大。

当我见到布赖恩 · 布朗（Brian Brown）时，他正在吃枣。“我还没吃够呢。”他咧嘴一笑。对一个花了30多年时间种植和照料枣树的人来说，至今吃枣还吃不腻确实令人惊讶。我看着他熟练地把枣核扔到附近的一个罐子里，然后转过身问我："你想看些什么？"

布赖恩的枣园在加利福尼亚州莫哈韦沙漠中部的一片绿洲里，离死亡谷的入口只有几英里。在我提醒他我们在电子邮件中交流过相关的内容后，布赖恩的眼睛亮了起来，"哦对，授粉！"他赶忙把我带到后面的一个房间里去准备工具。紧接着，我们坐在他的皮卡车里向一片田野驶去，车上载着棉花球、一团麻绳和一把看起来很邪恶的弯刀。

"这是椰枣，一个伊拉克品种。"他介绍道。我们在枣林中间的一个地方下了车，他把一架铝制伸缩梯支在一棵枣树旁。"幸好这些枣树的刺已经被除去。"他解释说人工授粉的第一步是去除所有叶子根部的6英寸长的尖刺。布赖恩把梯子放稳，然后将绳子穿过腰带，抓起一罐棉球，再把刀塞进牛仔裤的后口袋里。随后，他熟练地登上梯子，爬上椰枣树的树冠。

"任何一棵雄树的花粉都可以。"布赖恩喊道。他总结出一个有关椰枣树的重要生物学知识："果实总是忠于雌树。"椰枣树具有植物学家所谓的"雌雄异株"的特点，一棵树要么是雄性的，能产生6英尺长的下垂花簇，上面布满花粉，要么就是雌性的，就像布赖恩爬上去的那棵一样。"我们需要除掉大约1/3的花，否则结出的果实就会很小。"他说。

风媒授粉对于针叶树、草和许多其他植物可能是一种成功的生存策略，但对椰枣树来说并非如此，只靠它无法产出足够的果实。在一个精心管理的果园里，如果仅依赖风媒花粉，大多数雌花都会来不及授粉就枯萎。4 000多年来，种植者逐渐明白人工授粉是在商业方面唯一可行的途径，可将产量提高5倍。埃及人做到了这一点，亚述人、赫梯人、波斯人以及几乎所有北非和中东的人也做到了这一点。他们将积累的经验一代代地传下去，让枣变成了古代世界的主要水果之一。[7]

从布赖恩在树上的工作情形来看，公元前3世纪希腊学者西奥弗拉斯托斯描述的古老的人工授粉过程似乎到现代也没有多大变化："当雄椰枣树开花时，他们立刻切断它们的佛焰苞……然后把花粉摇落到雌花上。"[8]不过，布赖恩没有直接用雄花授粉，而是从罐子里取出沾满雄花花粉的棉球，把雌花挨个涂抹了一遍。"然后我们要把棉花系在雌花上。"他边说边熟练地从腰带上抽出两根绳子，把它们缠在长长的花茎上。这样做可以让更多的雄花花粉随着时间的推移慢慢掉落，让晚开的雌花受精。最终，雄花花粉也会随着风散布到整个枣园里。但由于它们现在还没有开花，布赖恩只能利用去年收集的雄花花粉来开启今年的授粉季节。

布赖恩再次仔细地向我展示了整个人工授粉过程，他在每个步骤都会稍作停顿，以便于我提问或拍照。我意识到，这不是他第一次教别人如何进行人工授粉了。"其实，我今天早上已经培训了两个人。"他说，我们的话题就此转到了人员培训上。布赖恩的授粉团队除了他本人外还包括在当地雇用的全职和兼职员工，以及来自世界各地的志愿者。志愿者会在假期来到这里，参与椰枣交易，以此换取食宿。他说："这就像线上交易会一样。"他告诉我，随时可能会有更多的志愿者到来。

“花会一簇簇地开放。”他说一棵健康的椰枣树会长出10~20个花簇，授粉成熟后会结出一串串枣，每串枣重达75磅。但椰枣树的开花时间难以预测，需要每天逐一检查，以便在它们开花时及时进行人工授粉。他需要用到梯子或带有升降台的拖拉机。而想要够到最高的那几棵椰枣树，还需要使用升降机。雄树也需要监测花期，以便采集雄花花粉。除了授粉过程，布赖恩提醒我椰枣的收获和加工也涉及密集的手工劳动。椰枣成熟后需要严加保护，以免受到鸟类和害虫的侵害。“土狼喜欢吃椰枣，”他无奈地耸耸肩说，“它们会从低矮的椰枣树上摘枣。”

我在布赖恩家旁边的车道上结束了这趟参观之旅，他的房子是他和已故的妻子用18 000块泥砖搭建而成的。我突然意识到布赖恩特别适合种植椰枣，因为他似乎喜欢用艰苦的方式做事。“我是一个特立独行的人……”他告诉我，除去在科罗拉多州立大学学习农业的那几年，他几乎一直待在农场和枣园。他皮肤黝黑，湛蓝色的眼睛眯成一条缝，已经适应了沙漠里的生活。他话说到一半就停了下来，因为有只鸟从房子后面的山坡上叫了起来，声音空洞低沉。“你听到那只鸟悲伤的哭声了吗？”他轻声问我，“那是呼唤配偶的叫声。”之后，他讲述了他和妻子在西南部的废弃果园中移植了一些不常见的枣树品种，并在卡车后斗里售卖的经历。

如果被解构的巨无霸汉堡向我们展示了没有蜂类食物会变成什么样子，椰枣树的故事则说明了人类替代蜂类授粉需要付出多少辛劳和汗水。布赖恩一次又一次地强调良好的人工授粉对他的枣园经营有多么重要，但当我追问他人工授粉会增加多少生产成本时，他间接地表示，“不能这样计算，太让人沮丧了”。然而，我在当地的杂货店找到了答案。在那里加利福尼亚出产的枣售价为每磅9.99美元，是其他农产品的两倍多。

在结束了与布赖恩的谈话后，我喝了一杯椰枣奶昔，给我的布赖恩枣园之旅画上了圆满的句号。之后，我徒步穿越了沙漠，来到阿玛戈萨河边的一个小峡谷。我沿着一条小径往前走，路经一座废弃的房屋，它的石墙倾斜着，旁边还有一堆白色的尾矿——有人曾在那里开采石膏。三齿拉雷亚灌木和低矮的仙人掌随处可见，山丘被太阳炙烤着，像被巨人扔到一边的石块。这里与我以前见过的常绿树林大不相同，它雄伟、广阔、寂静，令人倾心。当我还在思量早春的椰枣花何时盛开时，沙漠里的野花已经开放了。我找到了一处好地方，希望能发现蜂类。

几分钟过去了，没有任何授粉者出现的迹象，直到飞来一只小蝴蝶。它的翼展还不到半英寸，却要负责给这么多花授粉。蜂类没有来帮忙。从理论上讲，这个时节可能还太早了。这个栖息地看起来很完美，而且周围一定有很多正在冬眠的蜜蜂（在地下，在河岸上，在啮齿动物的洞穴里，或者在空空的树枝和茎干内），但它们还未醒来。随着气温的升高，花越开越多，这些蜂类肯定会出现，让沙漠变得生机勃勃。

在21世纪，我们不应把蜂类的消失视为一种时间上的巧合。在我写作本书期间，来自世界各地的80多名蜂类专家发表了第一份全球授粉蜂群数量评估报告。每一项关于蜂类的数据都显示，大约40%的蜂类物种正在退化或面临灭绝的危险。这项发现十分重要，一时间，那些关于没有蜂类的世界的讨论就不再是假想了。在接下来的章节中，我将带领大家直面蜂类的未来。

# 蜜蜂的未来

构建一个草原，需要一株苜蓿和一只蜂，
一株苜蓿，一只蜂，
还有幻想。
如果没有蜂类，
就只须用幻想。

——艾米丽·狄金森

# 第 9 章

# 空空的蜂巢

保持质疑的态度十分重要。[1]

*

爱因斯坦

《长辈对年轻人的忠告》（1955）

草地向外伸展，铺满一个小山谷，山谷的周围有橡树、冷杉和黄松。在草地的边缘，盛开着几十种野花——紫色鲁冰花的尖顶高耸在一片紫菀、天竺葵、虎耳草和紫荆之上。我长途跋涉了18个小时，只为了来到这个完美的熊蜂栖息地，而我身旁是一位世界级的熊蜂专家。现在，只剩下一个问题了。

“天气太差了。”罗宾·索普（Robbin Thorp）说。

低沉的乌云盘踞在我们的头顶。一阵寒风从山上刮下来，我真希望自己随身携带着一件冬衣。我那只紧握着捕蜂网的木柄的手已经麻木了。

但罗宾看上去似乎很淡定。在60多年的职业生涯中，他学会了如何充分利用每一天。他头上戴着松软的太阳帽，鼻子上架着一副有色眼镜，雪白的胡须修剪得很短。“让我们看看能在花上找到什么。”罗宾出发时说，“仔细观察香根草，熊蜂喜欢睡在那上面。”

我们越过篱笆，穿过草地，不时弯下腰去查看花朵，并注意倾听蜂类振翅时发出的嗡嗡声。罗宾的工作室里有一个年轻的学生名叫兰登·艾尔德里奇（Langdon Eldridge），他希望能在这里获得一些野外实践经验。没过多久，他就有了第一个发现，并喊我们过去。

我们急促地赶过去，发现天竺葵的花瓣下面有一只黑黄相间的熊蜂。令我惊讶的是，罗宾拿出一把“塑料水枪”，并扣动了扳机。随着小马达呼呼地响起来，花瓣中央的熊蜂消失了。“这东西很管用。”他边说边向我展示了这个工具侧面标记的字样：后院捕捉昆虫真空吸尘器。熊蜂掉入了一个透明的“捕获装置”，罗宾随即把它倒在了自己的手掌上。

“看大小它一定是只蜂王。”他边说边盯着一动不动的熊蜂。熊蜂的身体似乎因寒冷而变得僵硬，但它也可能是在睡觉。接着，罗宾指出了它与众不同的特征：面部长着浓密的黑毛，腹部有个模糊的黑色条纹，并且只有一个黄色条纹。兰登准确地识别出这是一只加利福尼亚熊蜂。[2]罗宾似乎很欣喜，但随后他把那只一动不动的昆虫放在手掌上来回翻转。最后，他不得不承认，“它已经死了”。

我们不知道那只熊蜂是怎么死的，也许它是被蟹蛛袭击而亡，也许它是冻死的。不管怎样，这算不上我们寻找熊蜂之旅的良好开端，又或者情况可能会更糟。毕竟，根据记载，我们试图寻找的那个物种很可能已经灭绝了。

“想不到我会见证一次毁灭性的衰退。”罗宾回忆起他为美国森林管理局做的一个小型咨询项目。那是20世纪90年代末，他受托在俄勒冈州的罗格河谷寻找稀有的熊蜂。在那里，斑点猫头鹰的泛滥和树木的乱砍滥伐问题备受争议。最终，该机构决定更广泛地研究生态系统，而不只是关注某一个物种。

罗宾将目标锁定在富兰克林熊蜂上，它是一个鲜为人知的物种，人们只在俄勒冈西南部和加利福尼亚州的邻近地区发现过富兰克林熊蜂。富兰克林熊蜂长得很像加利福尼亚熊蜂，但前者的肩部是亮黄色的，面部是黄色的。罗宾以前在野外和针插标本中见过这种熊蜂，他发表过几十篇关于熊蜂的科学文章，还有一些专著和书籍，一眼就能分辨出大部分熊蜂。他带着一份熊蜂曾出现过的地点的清单，离开了加州大学戴维斯分校，前往罗格河谷。

“1998年，我在所有有记载的地点都能找到它们。”他回忆道，“这种熊蜂并不常见，但它们就在那里。”第二年的情况也差不多，但他必须更努力才能找到它们。后来，熊蜂的数量不断减少。2000年，罗宾只找到了9只；2003年，还不到5只。基于此，他提醒同事们有一些变化正在发生。当地的生物学家持续地观察，联邦土地管理局派出了一个调查小组，但没有发现熊蜂的踪迹。直到2006年，罗宾终于发现了该物种的一只工蜂，它正在一片亚高山草地上的荞麦花中觅食。从那以后，就再也没有人见过它们了。

“我希望它们还在，只是我们没有发现。”罗宾告诉我。我们穿过田野，走到了对面的坡路上，那儿的小草和野花延伸至树间。雪停了，只有几只熊蜂顶着寒风飞行。我们没有发现富兰克林熊蜂的踪迹，但这并不意味着它们不存在。在生物学领域，否定的结论往往很难证明，特别是对一些微小、难以发现的生物而言。罗宾说，一直以来，有些昆虫存在但就是发现不了。他说：“如果我继续寻找，还是可能有所发现的。”罗宾望了一眼兰登，此刻兰登正在我们前面很远的斜坡上。“但如果我教会更多的人去寻找这种熊蜂，他们就有可能到达很多我永远不会留意的区域。”

罗宾·索普究竟是见证了一个物种的灭绝，还是物种数量的急剧下降，尚待观察。但有一件事是肯定的：他是富兰克林熊蜂最坚定的拥趸。从2006年最后一次看见熊蜂以来，他坚持不懈地进行年度监测，年复一年地耐心观察俄勒冈州西南部的草地和路边的花朵。有人认为他的努力不切实际，罗宾的愿望也还没有实现，但他在野外花费的数百个小时确实使他敏锐地察觉到其他问题：富兰克林熊蜂并不是唯一陷入困境的物种。

“我花了几年时间才发现西部熊蜂面临着同样的困境。”罗宾解释说。与一直很稀有的富兰克林熊蜂不同的是，西部熊蜂以前是落基山脉以西数量最多的熊蜂物种之一，分布范围从墨西哥北部一直到阿拉斯加。但就在他停止寻找富兰克林熊蜂之后不久，西部熊蜂也逐渐消失了。与此同时，北美洲东部的昆虫学家对另外两个曾经很常见的熊蜂物种的数量也发出了警示，它们分别是黄斑熊蜂和褐斑熊蜂。虽然罗宾的前半段职业生涯都在了解熊蜂，但他需要把余下的时间投入一个新角色上，即做一位熊蜂侦探。

“我认为，这肯定是因为某种病原体。”罗宾说，“毕竟同一个栖息地的其他熊蜂物种依旧生存得很好。”这似乎排除了杀虫剂或其他因素的嫌疑。然后，他向我解释了这4个正在减少的熊蜂物种之间的紧密联系：它们同为一个亚属，这使得它们容易受到同一种病毒、真菌、螨、细菌或寄生虫等的侵害。起初罗宾并不清楚是哪种病原体，但他强烈怀疑这种病原体与番茄有关。

番茄在古墨西哥、中美洲（很可能是秘鲁）得到广泛种植，没人知道是谁最早开始种番茄的。相比之下，温室种植的历史更为清晰。第一个温室由1世纪初罗马皇帝提比留的园丁建造，它的顶部由云母和亚硒酸盐等半透明矿物质构成，这种温室可以全年生产皇帝最喜欢的甜瓜。[3]甜瓜是现代哈密瓜的近亲，老普林尼曾回忆说，“他每天都吃这种水果”。[4]然而，在很长一段时间里，温室只是富人的奢侈品，直到工业革命提供了足够的廉价玻璃（以及后来的塑料），温室的建造才变得经济实惠，也越发普及开来。早期的商业企业利用温室培育了一系列水果、蔬菜和花卉，到19世纪末，番茄成为欧洲最高产也是最有利可图的温室作物。培育方法也变得越来越复杂。北美的番茄得益于佛罗里达和加州的温暖气候，可做到常年供应。20世纪90年代，人们对番茄的需求量逐渐增加，加拿大和美国的种植者开始向欧洲的种植者取经。他们首先学到的是番茄种植中一个出人意料的原理：如果不想购买大量的电动牙刷来给温室中的番茄授粉，熊蜂就必不可少。

熊蜂和电动牙刷之间的联系是，它们振动时都会发出嗡嗡声。我的电动牙刷振动时会发出刺耳的嗡嗡声，但我的牙医向我保证，它对清除牙菌斑很有效。观察熊蜂给番茄（或茄子、蓝莓）授粉的场景，你就可以看清它们的行动，或听到它们发出的短促、高频的嗡嗡声。像其他茄科植物一样，番茄也具有植物学家所说的“孔裂”，在这种花药中，花粉被保存在一个小室内，一端有小孔（气孔）可以将花粉散播出去。随着时间的推移，一些自然的振动可以引起花粉的自体受精，而适当频率的振动能引起花药共振并使大量花粉从孔裂中散播出去。从植物的角度看，这一策略使它们与少数传粉者（如熊蜂）之间建立起一种特殊的联系。因此，在室内种植番茄的人都需要像欧洲人一样培育驯养熊蜂。不然的话，他们就只能用嗡嗡作响的电动牙刷去给温室里的番茄授粉了。

图9–1　19世纪，工业革命大大降低了玻璃的成本，温室规模迅速扩大，番茄成为一种有利可图的作物（REPRODUCTIONS © DOVER PUBLICATIONS AND BOSTON PUBLIC LIBRARY）

罗宾解释说："在20世纪90年代，美国人会把熊蜂蜂王送到比利时培育。"欧洲人已经掌握了饲养熊蜂的方法，所以美国人这样做是有道理的。将蜂王在一定条件下进行饲养，很快就可以在现成的纸板蜂箱里培育出大量的蜂群。但是，当比利时的熊蜂来到美国时，罗宾认为它们也带来了欧洲的病原体。"从时间上来说正好。"他提到在1997年暴发的一场疾病杀死了许多温室熊蜂，随后野生熊蜂也逐渐消失。种植者把这个事件归咎于一种叫作微孢子虫的微生物。

罗宾对我说："我们一直在寻找微孢子虫危害熊蜂的证据。"然后他无奈地笑了笑，补充道："但我们无法确定它属于哪一个生物类群，我们对它的了解太少了！"我们曾经认为熊蜂微孢子虫是原生动物，但现在它被视为真菌，或者与真菌相似的东西。它是一种单细胞生物，形似利马豆，会侵入熊蜂的胃壁。受感染的细胞最终破裂，释放并繁殖微孢子虫，它们迅速传播，导致熊蜂腹泻。其他熊蜂会在不经意间经由被微孢子虫污染的花或者巢内的粪便感染微孢子虫。（负责打扫蜂巢的工蜂通常感染率最高。）许多熊蜂物种能在一定程度上忍受这种寄生虫的侵扰，而且通过研究博物馆的标本发现，这种寄生虫已经在北美广泛传播了几个世纪。但出于某种原因，与富兰克林熊蜂密切相关的一个熊蜂亚属的感染率和感染程度急剧上升，这个亚属的多个物种数量都在急剧下降。目前没有人确切地知道到底发生了什么，但犹他州立大学的"蜜蜂实验室"也许能够解释为什么熊蜂数量下降得如此之快。原来，微孢子虫不仅会导致熊蜂染病，还遏制了它们的生殖行为。

“蜂王和工蜂对此似乎并不在意。”杰米·斯兰奇（Jamie Strange）告诉我。但随着雄蜂体内的微孢子虫变多，它们的飞行能力将受到影响。10年来，杰米及其同事一直在研究西部熊蜂，近距离地看到了熊蜂面临的困境。影响飞行只是开始，随着感染状况的恶化，熊蜂的腹部会胀得鼓鼓的，以至于雄蜂无法弯下腰与蜂王交配。杰米总结道：“一旦发生这种情况，一切都结束。用不了几代，整个熊蜂种群就会土崩瓦解。”

杰米的理论令人信服，因为我们得到的证据均与之吻合。如果微孢子虫会削弱熊蜂物种，那么随着时间的推移，它们的数量肯定会减少，甚至灭绝，就像罗宾·索普在野外观察到的那样。尽管如此，但熊蜂只提供了一个物种数量下降的证据，杰米也没有发表他的观察结果，毕竟那个更大的问题还没有解决。

“为什么有些物种比其他物种的衰退更糟糕？”他注意到多数熊蜂物种似乎并不受微孢子虫的影响，即使是受影响的亚属物种相互间也有不同程度的反应。富兰克林熊蜂消失了，褐斑熊蜂变得非常稀少，近来被列入了美国濒危物种名录。相比之下，西部熊蜂和黄斑熊蜂的某些种群似乎已经稳定下来，其中白腰熊蜂从一开始就没受什么影响。[5]有些熊蜂天生就有更强的抵抗力吗？它们的生存环境或行为有什么不同之处吗？如果微孢子虫一直普遍存在，正如博物馆的标本所示，为什么它们会突然变得如此致命？罗宾依然怀疑这是有毒的外来菌株在作祟，但对温室蜜蜂进行的基因测序尚未发现不同种类的微孢子虫。同一种病原体对不同地区、不同熊蜂的影响似乎大不相同。

“这太复杂了，”杰米说，“可能还需要一段时间才能找到答案。”然后，他将其与人类病理学研究进行了比较。在人类病理学领域，几十个乃至数百个资金雄厚的研究团队常常花费数年或数十年的时间来破解某一种疾病的工作原理。“我们完全无法负担这样的研究。”他的话中带有几分羡慕。但这并不意味着蜜蜂实验室是一个清闲的地方，该实验室的正式名称为“授粉昆虫生物学、管理和系统学研究机构”，拥有6名全职蜂类科学家和18名辅助人员，以及源源不断的研究生和博士后。

除了微孢子虫项目，杰米的团队还分析了从16个州、40个地点采集的4 000只熊蜂标本中的病原体。虽然真菌引发的病症很普遍，但他们也发现了病毒、螨、细菌和一种侵入并破坏蜂王生殖器官的线虫。除此之外，还有原生动物、寄生蝇和附着在熊蜂足上的甲虫幼虫。杰米说：“完成这项工作后，我们将得到一个庞大的熊蜂感染数据集。”最终，他们希望能够将单个病原体与特定物种的特定症状联系起来，这是了解微孢子虫等微生物如何突然变得致命的第一步。他们的研究结果相当于一个疾病数据库，便于研究人员尽快弄清楚熊蜂数量减少的具体原因。这一点十分重要，因为现代蜂类及其栖息地受到了越来越大的威胁，大多数专家都认为蜂类数量的下降可能只是时间问题。毕竟，就连世界上最著名、最受照顾、分布最广泛的熊蜂，近年来也陷入了生存困境。驯养蜜蜂每年都会因为养蜂人口中的“萎缩性疾病”而遭受一些损失，2006年秋季，美国的蜂群开始大规模地消亡，很明显这个问题需要一个新说法。

戴安娜·考克斯–福斯特（Diana Cox-Foster）回忆了这场危机发生的头几个月的情况："我们都被眼前的景象吓坏了，损失不是一般大。"蜂群中的工蜂不是在逐渐减少，而是在大量消失。它们出发觅食时看上去还很健康，却一去不回，只留下装满蜂蜜的蜂巢、少数迷茫的蜜蜂，以及一只即将死去的蜂王。养蜂人忧心忡忡，在他们的呼吁下，戴安娜带领宾夕法尼亚州立大学的昆虫病理学实验室分析了大量的空蜂箱样本。很快，她就与来自纽约、佛罗里达等地的研究人员展开了合作。同时，美国西海岸也出现了蜂群严重受损的报道。在美国养蜂人协会的一次年会上，她和远道而来的同僚在酒店的酒吧里小聚，探讨该如何命名这个事件。有人认为"崩溃"一词比"萎缩"更适合这种情况，而且他们都认同称之为"疾病"是不正确的，甚至可能是一种误导。离开酒吧时，他们就如何命名这次事件达成了一致意见。这个名称很快就引起了国际社会的关注：蜂群崩溃综合征（Colony Collapse Disorder）。

戴安娜解释说："我们想用一个准确的名称描述这种情况，同时为未来开辟一条道路。可以肯定地说，蜂群崩溃综合征满足了这两个方面的要求。"新闻报道称，养蜂人损失了35%、50%乃至90%的蜂巢，这些数字激发了公众的想象力，使蜂群崩溃综合征收获了一个更吸引人的昵称——"蜂类末日机器"。于是，一场历史上最大规模的蜂类研究热潮到来了。来自大学、政府机构和行业团体的专家迅速启动了关于蜂群崩溃综合征的研究项目，探

图9–2　蜂群崩溃综合征短短几天内就能让一个看起来健康的蜂巢变得死气沉沉。成千上万外出觅食的工蜂在没有任何预兆的情况下消亡，蜂巢里只剩下几只迷茫的蜜蜂和一只垂死的蜂王（IMAGE BY BOOKSCORPIONS VIA WIKIMEDIA COMMONS）

索病原体（戴安娜的专长）、气候变化、手机信号发射塔等的各种影响。经过10多年的研究，发表了数百篇经同行评议的论文，但这一现象还是只能被定义为一种紊乱，导致蜂群崩溃综合征的因素依然不明。人们舍弃了一些奇怪的概念（如细胞塔、太阳黑子），许多其他理论研究也仍在进行中。主要的挑战在于要分析所有可能对蜂巢产生影响的因素，而蜂类的活动范围可达50、100甚至是200平方英里。[6]各种不确定（有时完全矛盾）的结果引发了激烈的争论，[7]但越来越多的人认为蜂群崩溃综合征是由多种因素造成的。有些人甚至建议给它取一个新名称：多重压力障碍（Multiple Stress Disorder）。

我问黛安娜对“多重压力障碍”有什么看法，她的回答很微妙，“这似乎是由各种因素的共同作用造成的”。她虽然表示认同，但又补充说，蜂类由于一系列问题而变得脆弱，最终可能会死于疾病。她提到了一项温室研究，感染了病毒的工蜂总是在远离蜂箱的角落里死去。把这种现象放到野外的话，就和蜂群崩溃综合征很相似了，患病的蜂飞走后消失在周围的乡村里。（这凸显了研究蜂群崩溃综合征面临的主要挑战——证据不充分，就像调查谋杀案却找不到尸体一样。）但让我惊讶的是，黛安娜指出在过去几年里，关于蜂群崩溃综合征的记录已经变得很少。

她告诉我：“近年来只有不到5%的蜂类死于蜂群崩溃综合征。”但北美的养蜂人每年仍会损失超过30%的蜂群，在欧洲这一比例也很高。我和其他几位研究人员就这个问题进行了交谈，他们都认为蜂类正遭受着比蜂群崩溃综合征更广泛的疾病威胁。“蜂类末日机器”似乎只是问题的一部分，还有许多未解决的问题。蜂群崩溃综合征为什么会在2006年达到峰值，而现在又减弱了？是什么压力引起的？为什么有些蜂群更容易感染？为什么它在北美和欧洲造成的影响大，而在南美、亚洲和非洲造成的影响小？关于蜂群崩溃综合征的这些谜题可能永远也无法解开，但并非毫无希望。关于它的大量研究有助于科学家更好地了解蜂类的整体健康状况，以及它们在人类主导的现代景观中面临的诸多威胁。

黛安娜告诉我，“我们谈论的是4个因素的影响：寄生虫、营养不良、杀虫剂和病原体。”她字斟句酌地解释了蜂群衰退的问题，可能是担心会被误解。不过，她给我讲的一个案例却非常清楚。这要从一种看起来像红辣椒籽的小生物讲起，它们有8只足，还有一个尖利的嘴（双齿）。

“瓦螨仍然是一个主要问题。”戴安娜说。瓦螨是一种致死性寄生虫，一般只寄生在蜜蜂身上，由罗马政治家和学者马库斯·特伦提乌斯·瓦罗命名。瓦罗当时担任恺撒大帝的图书管理员，他提出了著名的“蜂巢猜想”。作为一名养蜂人，瓦罗对蜜蜂能建造出完美的六边形蜂巢感到惊奇。他猜想，蜜蜂这样做是为了提高效率，因为没有其他形状可以容纳这么多蜂蜜，而只消耗少量的蜂蜡。一位数学家在1999年最终证明了蜂巢猜想，给瓦罗带来了巨大的荣誉，并把古罗马与蜜蜂面临的致命威胁永远地联系在一起。

致死性寄生虫瓦螨通过吸取蜜蜂的体液来维持生存，它们会攻击蜜蜂成虫，并以蜜蜂幼虫为食。可怕的是，它们会在一个密封的蜂巢里繁殖，四周都是它们的猎物。在瓦罗生活的时代，瓦螨只存在于东南亚的森林中，寄生在各种本地蜜蜂身上。（在目前公认的蜜蜂属的11种蜜蜂中，只有驯养的意大利蜂原产于非洲和欧洲，其他蜜蜂都来自亚洲。）但随着养蜂产业在世界各地的发展，它们很快就在全球范围内传播开来。现在，它们成为除澳大利亚以外地区的蜜蜂面临的一个大问题。如果不加以处理，螨类就会破坏蜜蜂的繁殖过程并毁灭整个蜂巢，还会传播几种致命的病毒，进一步削弱蜜蜂在任何地方的生存能力。专家认为，螨类的扩散与欧洲及北美部分地区野生蜂群的减少有关。如果戴安娜是对的，那么它们势必会降低蜜蜂的整体健康水平。

图9–3　一只寄生在雌性蜜蜂身上的雌性瓦螨的扫描电子显微镜图像（IMAGES COURTESY OF ELECTRON AND CONFOCAL MICROSCOPY LABORATORY, AGRICULTURAL RESEARCH SERVICE, US DEPARTMENT OF AGRICULTURE）

黛安娜告诉我："花朵的数量不够。"她解释了为什么要把营养不良列为其中一个因素。"在我们看来，公园或高尔夫球场草木繁茂，但对蜜蜂来说，公园或高尔夫球场则像沙漠或石化的森林，因为没有资源可供它们利用。"除此之外，农业环境中的栖息地也受到损坏，因为传统农场及牧场的灌木丛和混合作物逐渐被单一作物取代。那些富含花蜜和花粉的杂草，比如蓟、金雀花和旋花属，现在已经很难找到了，因为农场、后院、路边到处都喷洒了除草剂。

戴安娜的说法与拉里·布鲁尔博士（Dr. Larry Brewer）的观点一致。布鲁尔博士的公司拥有数百个蜂巢，为农药公司提供了大规模的试验基地。为了测试新产品的效果，通常需要把这些蜂巢与大面积的油菜或其他的蜜蜂授粉作物隔离起来。但即使在开花高峰期，拉里的团队仍然发现有些蜜蜂会采集其他种类的花粉并带回蜂巢。"它们会飞很长一段距离去寻找它们需要的东西。"他指出不管一种花多么高产，蜜蜂似乎总渴望得到更多。"就算被完美的食物包围，它们也会继续寻找蛋白质和微量元素的其他来源。"营养问题对商业蜂巢来说尤其具有挑战性，养蜂人给蜜蜂提供营养，但无法完全取代蜜蜂在大自然中获得的食物——各种野草、灌木和树木带来的各种花粉。虽然不同的蜂巢面对着不同程度的营养压力，但戴安娜认为，营养压力会损害蜜蜂的整体健康状况和耐力，使它们更容易受到环境中其他威胁的影响，比如最具争议性的第三个原因——杀虫剂。

在导致蜜蜂数量下降的原因中，杀虫剂的影响争论最大。不过，在探讨这个问题之前，先要解决一个基本问题：蜜蜂为什么这么容易受到化学物质的影响？为什么它们从未像其他昆虫那样对杀虫剂产生抵抗力？这个问题是由蜜蜂和花之间的特殊关系导致的。对蝗虫、天蛾幼虫、甲虫、蚜虫、草盲蝽及其他所有侵害树叶、茎、种子和根的生物来说，它们的生存都依赖于对复杂化合物的不断分解。数百万年来，它们一直在努力攻克植物不断进化的化学防御体系。（这种军备竞赛对农药生产商而言再熟悉不过了，他们经常从植物中寻找灵感，提取各种成分来制造新产品。）但蜜蜂不一样，作为传粉者，它们受到植物的欢迎而不是对抗，这使得甜美的花蜜和富含蛋白质的花粉几乎不含有任何防御性化学物质。[8]虽然这有助于蜜蜂保持良好的营养状况，但也意味着它们缺乏分解食物中的有害化合物的经验。此外，它们还缺乏处理植物毒素的代谢途径。对啃食粮食的昆虫来说，杀虫剂是一种常见的暂时性化学障碍。但对蜜蜂来说，它们是一种毒药。

“我们无法把蜜蜂数量的减少与任何一种化学物质甚至是任何一类化学物质关联起来。”戴安娜说，因为我想听听她对新烟碱类杀虫剂的看法。众所周知，新烟碱类杀虫剂可以被植物的各个组织吸收，从而使易受害虫攻击的叶、芽和根变得有毒。但这也意味着它会出现在花蜜和花粉中，直接影响蜜蜂的饮食。高剂量的新烟碱类杀虫剂无疑是有毒的，毕竟它们是用来杀死昆虫的。因此，如果使用不当，它将导致本土蜜蜂死亡。实验室研究还将新烟碱类杀虫剂与“亚致死”效应联系起来，比如觅食和返巢能力受损、寿命缩短和生育能力降低。但能达成的共识也只有这些了，因为它们没有表现出群体水平的一致性影响。用经过处理的作物培育的蜂巢通常表现良好，所以支持者认为蜜蜂在正常条件下只会接触到微量的杀虫剂。但也有充足的证据表明，新烟碱类杀虫剂伤害了野生熊蜂和独居蜂，还与包括食虫鸟类在内的

图9–4　针对农作物害虫的化学战通常会利用植物毒素，这是一场从农业诞生一直持续到现在的战争。第二次世界大战期间美国农业部发布的一张海报完美地呈现了这一点（WIKIMEDIA COMMONS）

其他物种数量的减少有关。随着争议的升级，欧盟委员会在2013年宣布禁止将几种新烟碱类杀虫剂用于开花作物。据报道，更加全面的禁令也在酝酿中。

跟我采访的大多数科学家一样，戴安娜也不赞同彻底禁用新烟碱类杀虫剂。她说："我们应该进一步推动害虫和授粉者的综合管理。不一定要禁用杀虫剂，但要弄明白两个问题：什么是必须使用的？如何才能保证蜜蜂的健康？"（戴安娜的话让我立刻想到了图榭的苜蓿种植者如何通过不断地调整，将他们的农药管理与彩带蜂的作息时间相匹配——他们尝试寻找更适用于蜜蜂的产品，进行剂量试验，并且只在彩带蜂晚上安全回巢后才使用。马克·瓦格纳告诉我，"我们一直在考虑这个问题"。）受欧洲禁令影响的农田可被当作重要的研究案例，研究人员不仅可以评估蜂群的反应，还可以评估作为替代品引入的其他化学物质的影响。与此同时，戴安娜和其他人也了解到，在十分复杂的农药图谱中，新烟碱类杀虫剂只是冰山一角。

"这让我们感到很惊讶。"她回顾了第一次大规模分析花粉、蜂蜜、蜂蜡和蜜蜂尸体中的化学残留物的情景。他们分析了来自北美各地的几十个蜂巢样本，从中发现了118种杀虫剂。其中不仅有现代化学物质，如新烟碱类杀虫剂，还有在环境中留存多年甚至几十年的物质。"基本上包含了人类使用过的所有杀虫剂。"在我们的谈话过程中，这是她第一次流露出愤怒的情绪，"花粉中竟然还有DDT（又名滴滴涕）！"这些化学物质不仅多种多样，而且几乎无处不在。在他们分析的750个样本中，只有1块蜂蜡、

3份花粉和12只成年蜜蜂被污染。其余样本中平均含有6~8种杀虫剂。

“它们会协同发挥作用，”黛安娜说，“对蜜蜂造成更糟糕的影响。”她解释了“化学鸡尾酒”是如何协同作用产生互相增强的效果的。[9]例如，杀菌剂不只伤害蜜蜂，还可以使某些杀虫剂的效力提高1 100倍。然而，监管机构一次只能测试和评估一个产品，因此“对蜜蜂安全”的产品在与其他杀虫剂混合后可能会产生不可预测的后果。这样一来，蜜蜂就会遭遇许多化学物质，而其中绝大多数是未经测试的，野外试验得到令人困惑的结果也就不足为奇了。值得注意的是，混合物中的非活性成分也能起作用。戴安娜及其同事不久前确认，一种用于增强液体中新烟碱类杀虫剂效果的常用表面活性剂有一个令人意想不到的副作用：它可使感染病毒的蜜蜂的死亡率增加一倍。因此，农用化学品不仅会相互作用，还会将病原体的影响综合在一起，最终形成最具威胁性的第四个因素。

“蜜蜂的健康危机属于典型的昆虫疾病。”戴安娜说，“病毒、细菌、原生动物，你在人类身上所能看到的一切微生物最初都是在蜜蜂身上发现的。”她快速地列出了一份病原体清单，包括残翅病毒、急性麻痹病毒和白垩病等。微孢子虫会引起一种很可怕的细菌感染性疾病——幼虫腐臭病，这种疾病会把蜂巢里的幼虫变成发臭的黑色黏液。受蜂群崩溃综合征启发而产生的大量研究十分接近杰米·斯兰奇梦寐以求的大规模流行病学研究，目前已确定并命名了20多种新的蜜蜂病毒。但像戴安娜这样的长期观察者仍然不明白为什么情况似乎越来越糟，她回忆说，“在2000年之前，你还可以找到没有病毒痕迹的蜂巢。但现在，这样的蜜蜂已经很难找到了。”而且，有证据表明蜜蜂的病原体可以传播到熊蜂或其他本地物种身上，这是一个令人十分不安的趋势，因为许多蜂巢和蜂王正源源不断地被装箱运送到世界各地。正如从东南亚开始传播的瓦螨一样，许多蜜蜂疾病也是从本地开始向外传播的，比如克什米尔蜜蜂病毒和西奈湖病毒等。但大多数专家认为，对蜜蜂的研究最终会帮助所有蜂类，正是这个信念促使戴安娜做出了离开大学的决定，并加入杰米·斯兰奇以及其他在犹他州蜜蜂实验室做研究的人中间。

“在研究本土蜜蜂的过程中我们遇到了一定的挑战。”戴安娜坦承，于是她转而与研究熊蜂、壁蜂和彩带蜂等的人展开合作。她注意到，在实验室里培养独居蜂十分困难——它们的生命周期短且有季节性，这不利于对独居蜂进行全年研究。“但我们有充足的初步数据证明那四个因素也适用于它们。”一些专家可能会在这个模型中再加几个因素：N代表因开发和工业化耕种而失去筑巢栖息地；I代表入侵物种（包括蜜蜂和植物）；双C代表可能会使一切状况复杂化的因素，如气候变化。蜜蜂专家刚开始研究气候变化对蜜蜂的影响，但其实早春开花会使一些蜜蜂陷入困境，因为它们从冬眠中苏醒的时间会延后，以至于找不到它们喜欢的花蜜和花粉。目前还没有人知道蜜蜂适应环境的速度有多快，但一项关于北美和欧洲熊蜂的研究发现，它们正在远离温度较高的南部和低洼地区，但还没有充分适应温暖的北部气候条件。极端天气也越来越频繁，马克·瓦格纳在他的苜蓿农场告诉我，一场猝不及防的大雷雨可能会导致所有彩带蜜蜂灭亡。其他蜂类物种同样容易受到频繁的干旱、洪水、热浪和非季节性寒潮的影响。

这4个因素（加上N、I和双C）合在一起，给21世纪的蜜蜂带来了一定的挑战。一些蜂类物种可能已经灭绝，如富兰克林熊蜂，其他一些物种也已经从过去的生存环境中消失。但如果说所有蜂类物种都在衰退，也有些言过其实。

但全球多地发生的蜂类物种消失事件也给我们敲响了警钟，我们应尽快找到解决的办法。我在写作本章的过程中接触了许多专家，其中苏塞克斯大学生命科学教授、熊蜂专家戴夫·高尔森（Dave Goulson）给出了十分实用的建议。他认为多重压力确实在以复杂的方式影响着蜜蜂，但我们无须在完全理解这个问题后再去采取行动。他在给我的一封电子邮件中写道："这些因素不应该成为人们无所作为的借口。常识表明，减小压力将会有所帮助。"简言之，我们已经有足够的信息支持我们采取行动，比如，在环境中种植更多的花，提供更多的筑巢栖息地；减少杀虫剂的使用；阻止本地蜜蜂（及它们携带的病原体）的长途移动。随着越来越多的科学家、农民、园丁、自然资源保护主义者和普通公民开始学习相关知识，将这些简单的想法付诸实践也许会让现实状况大大改观。

# 第 10 章

# 阳光下的一天

在这片繁花盛开的原野里，蜜蜂在阳光下欢快起舞，在黑莓灌木上匆匆地爬行，在石楠灌木上敲响了无数的铃铛，在柳树和冷杉之间高歌，在吉莉草和毛茛之间低吟，在雪白的樱花和鼠李丛中纵情狂欢。它们凝视着百合花，与其融为一体；它们又像百合花一样不觉劳苦，因为它们感受到了太阳的力量，如水车被水能驱动一般。当水车有充足的高压水，蜜蜂有充足的阳光时，两者都会发出嗡嗡声。[1]

*

约翰·缪尔

《群峰与山涧》(1894)

我没想到会在那里看到吸尘器。当我飞到加利福尼亚去参观一个大型杏树园时，我见识了坚果的规模化生产。加利福尼亚中央山谷有一块占地940 000英亩专门用于种植杏树的土地，其年产量占世界产量的81%。每年夏天，液压振动器都会在杏树园中工作，逐一抓住树干把果实摇下来。从2月起，蜜蜂就可以开始享受杏花盛宴了。随着春天的到来，它们开始享用树下的野花和覆盖作物。读到这里，你可能会认为杏树园里随处可见本地蜜蜂，但当我们从萨克拉门托驱车向北，沿高速公路观察果园时，我立刻明白了为什么保护蜜蜂是杏仁产业面临的一个重要问题。杏树下什么都没有——没有花，也没有杂草。大规模地割草和使用除草剂不只减少了植被，也彻底清除了植被，只留下一片裸露的褐色土地。

“他们需要用吸尘器吸净地上的坚果。”[2]我当天的导游、授粉专家埃里克·李–明德（Eric Lee-Mäder）说。他告诉我，在液压振动器后装配有清扫器，负责把散落的坚果整齐地码堆。这样做虽然效率很高，但地面必须尽可能地保持干净，难怪行业手册会将杏树下的空间称为“地板”。而杂乱无章的植被会增加收集坚果的难度，这好比从厚厚的一层沙砾中挑面包屑。更重要的是，植被为食用坚果的啮齿动物提供庇护所，还会增加沙门氏菌和其他细菌感染的风险。虽然保持地面整洁有助于种植者收获无菌的果实，并保证收获过程的顺利，但这也意味着加州广阔的杏仁园几乎无法为蜜蜂提供栖息地。这对只能靠蜜蜂授粉的作物产生了不容忽视的影响。

埃里克告诉我：“我们在超过10 000英亩的杏树园里工作。”他还指出，近几年想要保护蜜蜂的种植者数量越来越多。作为则西思协会负责授粉动物保护工作的联合主管，他在帮助蜜蜂方面

图10–1　杏树园中洁净的“地板”可能十分便于收集杏仁，但它无法给蜜蜂提供栖息地（IMAGE COURTESY OF USDA NATURAL RESOURCES CONSERVATION SERVICE VIA WIKIMEDIA COMMONS）

经验丰富。则西思协会是以一种已灭绝的加利福尼亚蝴蝶的名字命名的，成立于1971年，是北美地区唯一致力于拯救昆虫和其他无脊椎动物的非营利性组织。[3]埃里克在2008年加入该组织，当时它对蜜蜂困境的研究引起了国际关注。此后，由于公众对传粉昆虫越来越关注，该组织的规模不断扩大。他说：“我是协会的第五或第六名员工，现在我们已经有50个人了。”英国也有两个类似的组织，它们分别是昆虫生命协会（成立于2002年）和熊蜂保护信托基金（成立于2006年）。总的来说，这些组织将保护蜜蜂的意识转变为具体的行动，比如，将夏威夷的黄面蜂列入美国濒危物种名录，改进杀虫剂使用指南，在苏格兰的莱克莱文建立世界上第一个熊蜂保护区，等等。多年来，我一直以一种旁观者的态度关注着这些行动，每年都会捐款以示支持。但现在我想了解更多。对蜜蜂来说，“促进栖息地的保护和恢复”举措到底意味着什么？更重要的是，它起作用了吗？当埃里克邀请我去田间共度一日时，我抓住了这个难得的机会。

“今天我们将目睹蜜蜂的一生。”他一边开车一边说。我们驱车经过了多种作物：杏、开心果、橄榄，还有向日葵、番茄和水稻。在奥兰多小镇附近，我们驶离了高速公路，进入了果园中的一条小径。“那儿有一棵本地植物！”埃里克喊道，随即踩下了刹车。前面是一条长满胶草的沟，他说，我们到地方了。

埃里克的两位同事先到了，我们在一座尘土飞扬的护堤上赶上了他们。他们正在和一个身形魁梧的人交谈，要不是在这种场景下，后者恐怕会被误认作职业运动员。他名叫布拉德利·鲍尔（Bradley Baugher），祖上三代都是农民，这片大果林就是他家的资产，他家的杏仁在蓬勃发展的有机杏仁市场上占据相当大的份额。他家最大的客户（包括通用磨坊）近期强制要求供应商将对传粉昆虫的保护纳入生产流程，于是布拉德利与则西思协会取得了联系。“我们一拍即合。”埃里克告诉我。事实上，布拉德利多年来一直在对本地植物做试验。沟里的胶草就是他种的，他还在护堤上种了羽扇豆、罂粟、黄花菜和克拉花。现在是仲夏时节，大多数花都枯萎了，但罂粟花和牵牛花还在绽放。我注意到一个好的迹象：一只深色的眼形斑翅蝴蝶正在鲜艳的花瓣间移动。

埃里克对布拉德利说：“将灌木篱笆、本地植被和带状植物结合起来种植，就可以让蜜蜂重回你的果园。”埃里克的话激情澎湃，让在场的每个人都感到轻松。他40多岁，一头短发，说话时目光直视他人，身上散发着专业的气息，这可能是因为他以前在科技行业工作过。“我是则西思协会的资本象征。”他开玩笑说。尽管他的同事可能拥有昆虫学学位，埃里克在这一方面无法与之相提并论，但他的诚意十足。他在北达科他州的一个农场长大，家里也养过蜂。加入则西思协会后，他还做了很多其他方面的事情，为现在的工作打下了基础。他表示，“建立信任是这项工作面临的最大挑战之一”。

布拉德利十分渴望建立更多的蜜蜂栖息地，也很想知道哪些植物有助于达成这一目标。我们参观了农田的边缘、废弃的池塘，以及农场里其他可供种植植物的角落，谈论的话题也从各种野花转到了开花灌木和杂草的控制上。但他也关心实际问题，提出了一些务实的观点，比如“我们需要避免给杏花制造竞争对手”，“我的员工需要花整整两天时间才能除掉这些杂草”。午餐时间，我们躲在果园内舒适的空调房里休息，外面是35摄氏度的高温天气。但布拉德利指出天气还不够热，几周后会更热。“45摄氏度是收获的最佳温度！”他笑着说。

布拉德利忧心忡忡地承认：“自从蜜蜂的数量逐渐变少以来，培育蜜蜂就变得越来越困难了。”所有杏仁种植者都一样，对他们来说，每年的杏树能否成功授粉都是一场赌博。加利福尼亚的果园附近几乎没有常驻蜜蜂，长期以来主要依靠租用传粉昆虫来保证作物的生长。从佛罗里达和缅因州远道而来的商业养蜂人加入了世界上竞争最激烈但也最有利可图的授粉市场，开启一场为期三周的有蜜蜂和杏花参与的狂欢派对。按照每英亩两个单位的比率，加利福尼亚的种植者需要不少于180万个蜂巢来维护他们的果树。但这一需求变得越来越无法满足——在蜂群崩溃综合征发生后，蜜蜂变得供不应求。10年前只需50美元就能租到的蜂巢，如今价格增长了3倍，并且变成了偷窃的目标。每年都有成千上万个蜂巢从果园中不翼而飞，它们在夜深人静的时候被偷走，然后转租给其他种植者。这其中涉及的利润非常高，2017年警方逮捕了两名男子，他们盗窃和转租的蜂巢价值接近100万美元。

风险这么高，难怪有越来越多的杏仁种植户开始发掘本地蜜蜂的潜力。埃里克很快察觉到，仅仅种植一些花草并不能解决问题。即使是对蜜蜂最友好的果园，每年也需要租用蜜蜂。但研究表明，野生物种的存在与果实数量的增加有关，而且种植天然植被可以使果园中传粉者的多样性增加三倍。[4]不同的花也有利于给蜜蜂补充营养，所以养蜂人喜欢寻找那些既可以在花期之后收回蜂巢，又可以让蜜蜂吃到各种花粉和花蜜的果园。相应地，蜜蜂栖息地可产生“叠加的环境效应”——支持一系列益虫和其他物种，同时隔离碳，增加土壤中的水分和有机物。布拉德利说，保护蜜蜂是“一件正确的事”，鲍尔农场想成为这方面的典范。他和埃里克花了很多时间讨论如何使植物易于被发现并具有吸引力，布拉德利说，“我们希望人们能看到”。

当我们离开鲍尔农场时，关于蜜蜂栖息地的计划已十分明确：则西思协会提供技术支持，负担种子的成本，鲍尔农场则提供劳动力。先沿着路边的狭长区域种植本地植物，接下来是篱笆旁、池塘边和农场内。随着这项计划的进行，埃里克认为一个新的认证项目“更好的蜜蜂”将有助于农场的发展。该项目效仿了有机和公平贸易运动，旨在给对蜜蜂友好的产品贴上一个可识别的标签。我们分别时，布拉德利表示会仔细考虑一下这个认证项目。“很高兴你们喜欢做这件事。”他说。

我和埃里克都要赶飞机，只能匆匆地去他精心培育的树篱看一眼。他解释说：“这里的变化令人震惊。我亲眼看到鲜花盛开，生机勃勃。”除了预期的蜜蜂，埃里克还发现了其他生物，蜂鸟、蝴蝶、郊狼、野鸡、蛇和肉食鸟都出现在那里。有一次，他看到一只游隼在半空中抓住了一只椋鸟。“我也不知道这些动物是从哪里来的。”他说。当我们驱车穿过连绵的果园和田地时，我逐渐理解了他的惊讶。在博物学家约翰·缪尔所说的世界上最大的蜜蜂牧场，你几乎找不到一片天然植被。在1868年春天第一次到访时，缪尔将这个山谷描述为“一个连绵起伏、欣欣向荣的蜜蜂花园。从它的一端到另一端的距离超过400英里，每迈一步都会踩到不止100朵花”。[5]经过一个世纪的密集种植，你很有可能在这里发现本土蜜蜂和其他野生动物，它们就像缪尔描述的野生牧场那样生机勃勃。

当我们终于到达树篱时，埃里克的语气突然变得不肯定，他担心我可能会失望。他提醒我，这个时节有点儿晚了，我们很可能看不到太多蜜蜂。他说：“我下车之前就注意到了树篱发挥的作用。它沿着公路边缘延展成一条郁郁葱葱的线，就像一望无际的沙海上的一道绿色的波浪。美洲茶、艾蒿和盐生灌木已长到了我头顶的高度，周围散布着多年生植物，如野生荞麦和蓍草。这般绿树成荫的景象与马路的另一边形成了鲜明生动的对比，那里只有灰尘、枯草和几株残败的矢车菊。车停了下来，趁埃里克打电话的工夫，我下车看了看。

到了7月，就连约翰·缪尔也很难在中央山谷的树篱中找到花朵，炎热干燥的天气使夏季成为当地植物的“休眠期”。[6]大多数灌木和多年生植物早就结出了种子，但它们的青枝绿叶仍然充满了生命力。我看到了蜘蛛和胡蜂，还有很多身形细长的蜻蜓停在树枝上。一只食蜂鹟在我头顶上吱吱地叫着，还有一只知更鸟在接骨木后轻快地唱着歌。随后，我发现了一片开花的胶草，这和埃里克在鲍尔牧场的水沟里发现的植物相同。它们的黄色花朵在阳光下闪闪发光，不一会儿，就有两只斑蝶和一只菜粉蝶落在上面采蜜。接着又飞来一只闪亮的小汗蜂，它的腹部整齐地排列着黑白相间的细条纹。粘在它后足上的花粉说明，它在为附近某个地方的蜂巢提供食物。我看着它又刮又戳，只为带走更多的粮食。而在其他环境下，这般景象不会如此明显可见，因为一只本地蜜蜂通常只会在本地的花朵上活动。但在这里，这只蜜蜂是一种强大复原力的象征，它暗示了在任何地方蜜蜂物种都有复原的潜力。则西思协会与各地的人们合作，在后院、花园、高尔夫球场、公园和机场创建了新的蜜蜂栖息地。“任何人都可以这样做。”埃里克在与则西思协会执行董事斯科特·霍夫曼·布莱克（Scott Hoffman Black）的谈话中说道。

图 10–2　一只本地的小汗蜂在本地的野花上采集花粉，它是加利福尼亚中央山谷蜜蜂物种复原的象征（PHOTO © THOR HANSON）

布莱克在电话里告诉我："我做蜜蜂保护工作已经很长时间了。我研究过狼、鲑鱼、斑点猫头鹰……但这是我第一次向人们展示什么是立竿见影的效果。"这种即时的满足感在某种程度上源自蜜源植物的规模。因为蜜蜂体形小、繁殖速度快，所以它们对微小变化的反应很迅速。许多蜜蜂物种只需要一个安全的筑巢地点和为期几周的花粉供应就可以繁衍后代。虽然这能使养蜂工作得到令人满意的结果，但并不能减少蜜蜂在生存过程中遇到的挑战。即使树篱和其他栖息地项目已经得到了广泛认可，埃里克和我仍然得驱车一个多小时穿过农场才能看到它。像则西思协会这样的组织正在研究其他相关问题，包括农药、疾病和气候变化。当我问斯科特·布莱克是否对蜜蜂的未来充满希望时，他调侃道："这要视情况而定。"

在去机场的路上，我向埃里克提出了同样的问题。他思考了很长时间，然后间接地做出了回答。他说，他看到农民和其他土地所有者都在尝试保护蜜蜂并倡导别人也这么做，这就是希望。他工作过的一个果园已经变成了一个很好的示范点，周围环绕着6英里长的树篱，成为本地蜜蜂的栖息地。与鲍尔农场不同的是，它不是一家家族经营的有机农场，而是隶属于一家总部位于新加坡的农业企业。"一开始他们不太愿意做这件事。"埃里克坦承，但随着这些植物开始开花，他们渐渐听到了蜂鸣声，他们的态度就彻底变了。之后，这个项目一直在发展壮大。蜜蜂的未来不仅需要几个树篱，则西思协会也致力于减少杀虫剂的使用、保护野生栖息地和拯救濒危物种等。尽管这一过程涉及长期的政策支持和"利益叠加"等抽象概念，但它也可以像观察蜜蜂在花间飞舞一样具体和形象。他们最大的目的在于帮助越来越多的人发现这一点。埃里克总结道："我把这比作用一幅漂亮的画装饰墙壁，那是一幅他们甚至不曾察觉的画。"

结语

# 在草地自在飞行的蜜蜂

当夏日充盈着金黄的蜜蜂，

我便会在林间悠然漫步。[1]

*

威廉·巴特勒·叶芝

《国王之怒》(1889)

在我居住的小岛上，每年8月人们都会聚集在一起，参加一个为期几天的传统乡村活动——集市。所有活动都会在这期间进行，比如狂欢节、牲畜拍卖和丰富多彩的竞赛活动。马术总能引来一大群人，小鸡赛跑、吃馅饼比赛和废物利用时装秀也很受欢迎。不论是制作稻草人还是插花，每样作品都有可能赢得一条丝带（和一点儿奖金）。每年的集市活动都围绕一个特定的主题展开，今年的主题是蜜蜂。活动海报上画着5只飞舞在向日葵和三叶草间的鲜亮的熊蜂，还有一大滴蜂蜜，活动口号也赫然可见："到处都是嗡嗡声！"

住在同一个小社区里的人们往往互相了解对方的工作领域，当来自集市的人打电话问我是否愿意在下午做一个关于蜜蜂的讲座时，我丝毫不感到惊讶。我同意了，但我建议与其做讲座，不如把人们带到草地上，介绍生活在那里的各种蜂。对方听完我的话后停顿了一会，似乎有些茫然，但最终还是同意了。

离开幕日还有不到两周的时间，集市的前期筹备工作进行得如火如荼。画工们在修补谷仓和外屋，家禽和兔子的帐篷已搭好，一位当地的雕刻家在俯瞰马场的位置搭建了一个两层的金属蜂箱。不过，我一看就明白了为什么我的“漫步赏蜂”的建议遭到了质疑，那里只有两块空地：停车场和一片被太阳晒得枯黄、修剪得很短的草地。但后来我发现了零星的猫耳草的黄色花朵，并在花上看到了汗蜂和某种小型黑色地蜂。集市主办公室周围的观赏植物盐肤木[①]上也有蜜蜂在活动。在卫生间和美食广场之间的一个角落，我发现了一片薰衣草，三种不同的熊蜂和一只活泼的黄斑蜂正在疯狂地采集着花粉。即使有人来，它们仍心无旁骛地穿梭于花丛中，忙着采蜜。

了解蜜蜂可能会让人有新鲜感，但其实我们一直生活在它们身边，只是近几年忽略了它们。让蜜蜂回到我们的意识中，重建原有的联系，可能会产生深远的影响。

无论我们在哪里找到它们，蜜蜂都会依靠生命的活力嗡嗡作响。尽管我们享受它们的蜂蜜并依赖它们的授粉能力，但我们和

---

① 北美的盐肤木在8月开花。——译者注

它们的关系不仅限于实用性。

蕾切尔·卡森在《寂静的春天》一书中将被破坏的环境比拟为一个没有鸟鸣的世界，她也质疑说，没有蜜蜂的嗡嗡声，花要如何绽放？解决这一问题在很大程度上取决于我们的关注度和行动力。在我家，每年春天我们依然十分期待第一只熊蜂的到来。不久前一个阳光明媚的日子，我和儿子一起看着几只刚苏醒的熊蜂蜂王落在朝南的墙壁上取暖。有三只是黄色和橙色相间的，第四只则是黑色的，像一滴镶着金色的边的墨水。“蜜蜂很特别，爸爸。”我儿子说，我告诉他我也这样认为。然后，他补充说道：“地球可以没有我们，但不能没有蜜蜂。”谨以这句话作为本书的结束语。

附录A

# 蜂类家族

蜂类分布在除南极之外的大陆上，有超过 20 000 个物种，是自然界中最成功的昆虫类群之一。下面描述了查尔斯·米切纳的《蜜蜂的世界》中认可的 7 个科，供大家一窥蜂类的多样性。虽然有些种群比较少见，但大部分蜂类都可以在后院、公园、农场、田地和路边等地方看到。[①]

① 界、门、纲、目、科、属、种等是生物分类学中的阶元。一个科级阶元包含若干属级阶元，每个属又包括若干个种。本书中的蜂类分为7个科。——译者注

# 短舌蜂科

（无通用俗名）

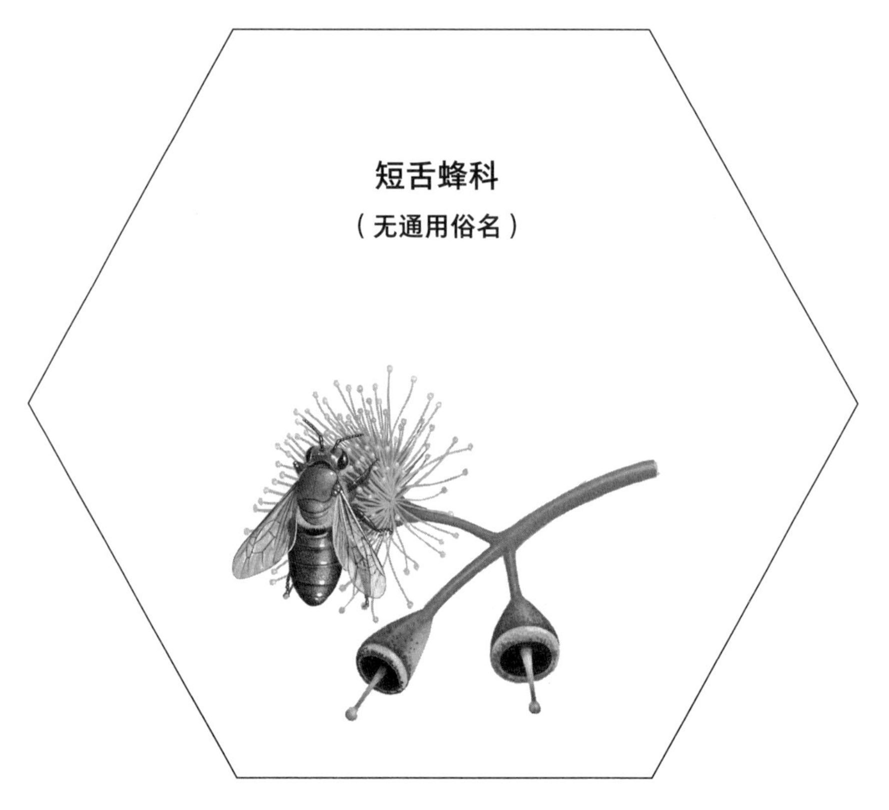

（ILLUSTRATION © CHRIS SHIELDS）

这一科的蜂类数量较少，只生活在澳大利亚，约有 20 个物种，分为两个属。它们很健壮，飞行速度很快，有亮黄色、黑色、金属绿色等几种颜色。这一群体的生物学特性仍然不为人所知，但一名观察者描述了几种短舌蜂的独特的交配飞行过程。雌性在被雄性骑在身上时会继续正常的觅食行为，并携带大量花粉。[1] 短舌蜂喜欢光顾澳洲本地特有的植物类群，特别是桃金娘科植物，如桉树花属（*Eucalyptus*）和羽蜡花属（*Verticordia*）。它们习惯独居，在地下筑巢，巢穴常聚集在一起。成蜂呈现出明亮的金属色，飞行能力强，速度快。图中为绿栉短舌蜂（*Ctenocolletes smararagdinus*）在桉树花上采蜜。

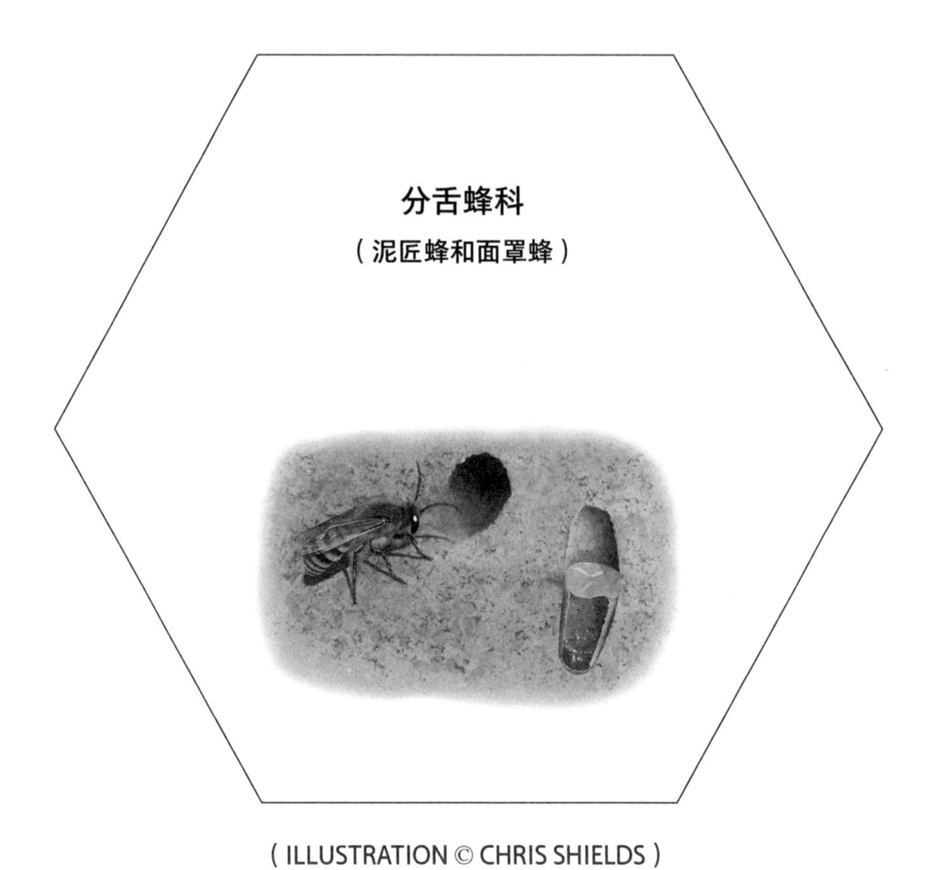

# 分舌蜂科

## （泥匠蜂和面罩蜂）

（ILLUSTRATION © CHRIS SHIELDS）

这一科在全世界共有约 2 000 个物种，表现出很强的多样性。其中，分舌蜂属（*Colletes*）和叶舌蜂属（*Hylaeus*）的物种数量最多，也最常见。澳大利亚的分舌蜂占当地已知蜂类数量的一半，新西兰分舌蜂占当地蜂类数量的近 90%。泥匠蜂全身布满绒毛，面部呈心形，有独特的二分叉状吻舌。泥匠蜂会用吻舌在巢穴壁上涂抹像石灰浆一样的防水、抗菌的分泌物，干燥硬化后就像光滑的涤纶布料，故又名“涤纶蜂”。面罩蜂很像小胡蜂，全身光滑，面部有条纹，仿佛戴着一个面具。它们的身体和足上没有黏附和收集花粉的绒毛，但它们能把花粉吞进胃中，回到蜂巢再将胃里的花粉和花蜜混合物吐出来作为蜂粮，并在上面产一颗卵。面罩蜂具有较强的飞行能力，可以跨越夏威夷群岛。研究表明，夏威夷群岛上的 63 个面罩蜂物种是由一个共同祖先进化而来的，其中有 7 个在美国被列为濒危物种。上页图展示的是欧亚大陆上的大卫分舌蜂（*Colletes daviesanus*）及其巢穴。

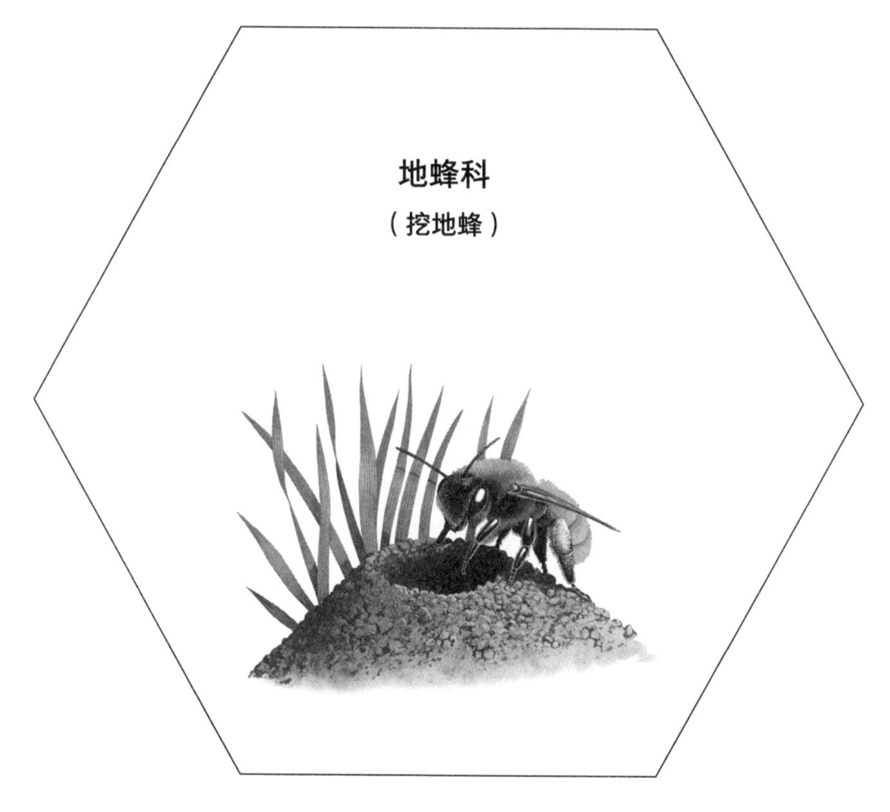


（ILLUSTRATION © CHRIS SHIELDS）

该科包含近 3 000 个物种，广泛分布在除澳大利亚以外的陆地上，东南亚地区的物种数量很少。这一科的蜂类通常在干旱、开阔的沙土挖洞筑巢，一些较大物种的巢穴深达 10 英尺。地蜂绝大多数都是独居蜂，但少数物种在筑巢时也会出现扎堆（聚生）和共用巢穴的现象。该科中种类最多的是地蜂属，约有 1 300 种，它们的后足有发达的成排花粉刷。地蜂是寡食性的，一种地蜂只采集一种或某一类植物的花粉或花蜜，如有些地蜂（约 700 种）仅采食蔷薇属的花。蔷薇蜂非常温顺，很多已失去了蜇刺的能力。研究发现，有些地蜂可以在地下巢穴中滞育达三年之久，一旦条件有利，它们就会钻出地面进行繁殖。[2] 上页图为一只雌性褐色地蜂（*Andrena fulva*）后足满载着花粉进入巢穴。

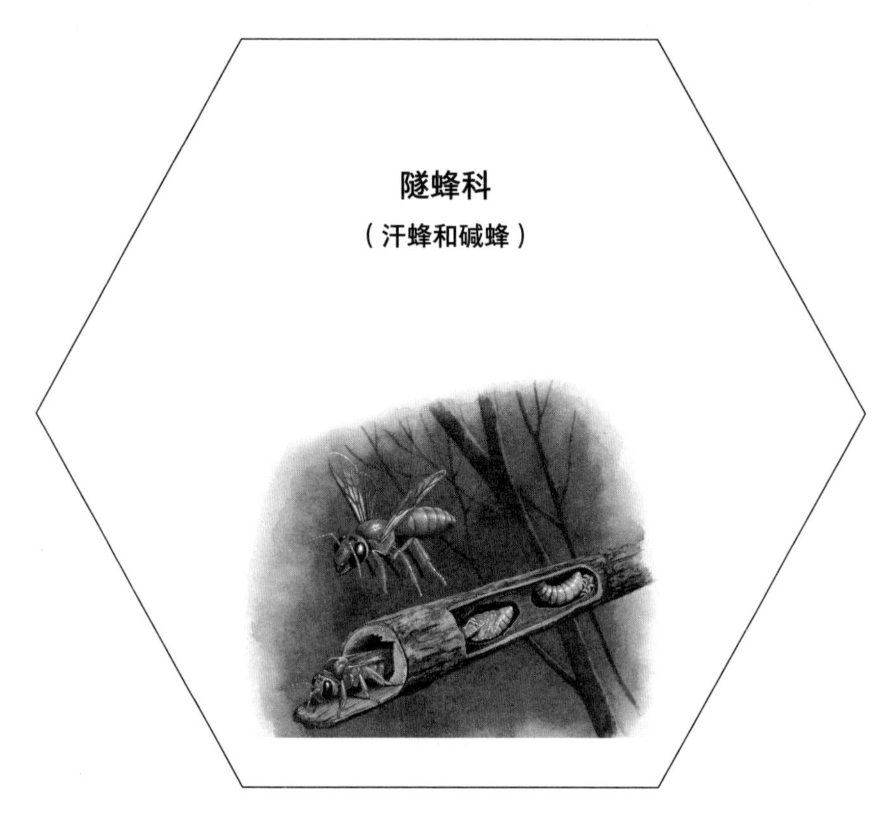


（ILLUSTRATION © CHRIS SHIELDS）

隧蜂科广泛分布于全球，有 4 300 多个物种。热带地区的许多隧蜂喜欢吸食人类的汗液，因此得名“汗蜂”。有些隧蜂科是独居的，有些则共享巢穴，繁衍出工蜂，进而产生社会分工现象。许多汗蜂个头很小，甚至肉眼难见，有些物种则有鲜艳的颜色，美洲大陆的隧蜂（*Agapostemon*）体表呈现出彩虹色。另一种隧蜂（*Nomia*）的体表条纹像珠光色的彩带，因为喜欢在碱性土壤中筑巢，又被称为碱蜂。汗蜂和碱蜂可以为水果、浆果和制种作物（苜蓿、三叶草、胡萝卜和菊花等）授粉。上页图中的美洲汗蜂正在打洞筑巢，它们具有初级的社会性行为和特殊的夜间飞行能力（注意：复眼和单眼均较大）。

## 准蜂科

（采油蜂）

（ILLUSTRATION © CHRIS SHIELDS）

这一科比较原始，只有大约 200 个物种，被许多分类学家视为蜜蜂总科原始类群的孑遗生物。几乎所有准蜂科物种都只采集一种或几种植物的花。其中，双距蜂和宽痣蜂的分布区域相同，都采集花朵上的油滴。油滴既可用于建造单个的串联式巢房，也可作为幼虫的辅食。在非洲南部，一些采集油滴的准蜂（如上页图的长腿准蜂）具有相同的特征：前足特化，长度可达身长的 2 倍。这种特化的前足有助于探测深藏在花管中的精油，被称为探测足。准蜂的两个探测足和两个花距的深度刚好匹配，这是它们和植物协同进化的结果。准蜂通常独居，在地下筑巢。

# 切叶蜂科

（切叶蜂、壁蜂和黄斑蜂）

（ILLUSTRATIONS © CHRIS SHIELDS）

这一科有 4 000 多个物种，分布广泛。它们具有一个共同的特征：利用腹部的毛刷收集和携带花粉。绝大多数切叶蜂科都会在巢房中加入特殊的材料：壁蜂属利用泥巴筑巢；一些黄斑蜂属利用植物绒毛筑巢，还有一些把花瓣和沙砾粘在一起筑巢；切叶蜂属则利用发达的上颚切下叶片，将其卷成胶囊状筑巢。它们的成虫都是高效的授粉昆虫，一些物种已经可以大量饲养并用于给果树、苜蓿和杏树授粉。这一科中的华莱士巨蜂是蜂类中个头最大的，翅展达到 2.5 英寸。博物学家阿尔弗雷德·华莱士在 1859 年首次发现了该物种，之后很少有人见到它们，直到最近在印度尼西亚的三个岛屿又发现了它们的踪迹，它们生活在树栖白蚁废弃的巢内。绝大多数切叶蜂都是独居的，但有少数物种（包括华莱士巨蜂）会聚居在一起。上页图为一只华莱士巨蜂和两只切叶蜂。

（ILLUSTRATIONS © CHRIS SHIELDS）

蜜蜂科有记录的物种有 5 700 多个，是蜂类中数量最多的一个科。[3] 蜜蜂科在外部形态和生境适应方面表现出丰富的多样性。它包括我们熟悉的物种，比如熊蜂和蜜蜂，还有上百种不常见的木蜂、兰花蜂和长须蜂。蜜蜂科筑巢的生境类型多样，有的在石块下或地下筑巢，有的利用废弃的老鼠洞或腐烂的树洞筑巢。它们筑巢的材料也十分多样，有的利用泥巴，有的利用树脂，木匠蜂则在树干中钻洞。一些物种过着独居生活，也有一些物种过着高度社会性的群居生活，还包括一些无刺蜂属，成员达到上万只。该科有 30% 以上的物种具有间接寄生性，它们既不筑巢，也不采集食物，而是将卵产在其他物种的蜂巢中。从最早的蜂类化石来看，蜜蜂科昆虫的外形很像现代的无刺蜂。研究认为它们应该是随着开花植物的出现而出现的，在采食花粉、花蜜的同时为植物授粉，并在进化过程中分化出很多物种。上页图中分别是熊蜂、长须蜂和无刺蜂。

附录B

## 蜜蜂的保护

这本书的一部分收益将用于保护野生蜜蜂。如果你想直接为保护蜜蜂做出贡献，并了解更多帮助蜜蜂的内容，请联系以下组织。

The Xerces Society
628 NE Broadway, Suite 200
Portland, OR 97232
USA
Phone: 855–232–6639
www.xerces.org

Bumblebee Conservation Trust
Beta Centre
Stirling University Innovation Park
Stirling
FK9 4NF
United Kingdom
Phone: 01786 594130
www.bumblebeeconservation.org

Buglife
Invertebrate Conservation Trust
Bug House
Ham Lane
Orton Waterville
Peterborough
PE2 5UU
United Kingdom
Phone: 01733 201 210
www.buglife.org.uk

# 致谢

写书是一件孤独的事情，但也需要许多专业人士的帮助和支持。像往常一样，我要感谢我出色的经纪人劳拉·布莱克·彼得森（Laura Blake Peterson），她是我的向导。另外，我也非常庆幸能与基础图书公司的T. J. 凯莱赫（T. J. Kelleher）和他的出色团队合作，并感谢卡丽·纳波利塔诺（Carrie Napolitano）、妮可·卡普托（Nicole Caputo）、伊莎贝尔·布雷克（Isabelle Bleeker）等许多幕后人物。我感谢所有的科学家、农民、果园主和其他专家，他们向我分享了他们的故事，解释了他们的工作。若本书出现任何描述上的错误，都是我的问题。

另外，我也要感谢以下这些慷慨的人（组织），他们以各种方式推动了这个项目的进展：迈克尔·恩格尔、罗宾·索普、布莱恩·格里芬、格雷琴·莱布恩、杰瑞·拉斯穆森、杰瑞·罗森、里戈贝托·瓦加斯、劳伦斯·帕克、山姆·德勒格、史蒂夫·布赫曼、戴维·鲁比克、康纳·金利、布奇·诺登、贝丝·诺登、约翰·汤姆森、塞恩·布雷迪、卡拉·多夫、威廉·萨瑟兰、索菲·鲁伊斯、帕特里克·基比、金特·格拉奇、加布里埃尔·伯纳德罗、安妮·布鲁斯、苏·坦克、格雷厄姆·斯童、布赖恩·布朗、阿丽莎·克里滕登、盖诺·汉南、乔治·波尔、迈克·福克斯、莱明格历史学会、马丁·格林、罗伯特·卡霍布、德里克·济慈、杰米·斯兰奇、黛安娜·考克斯·福斯特、斯科特·霍夫曼·布莱克、安·波特、圣胡安保护信托、迪安·多尔蒂、罗布·罗伊·麦格雷戈、拉里·布鲁尔 、乌玛·普拉塔、埃里克·李–明德、马修·谢泼德、梅斯·沃恩、圣胡安岛图书馆、海蒂·刘易斯、爱达荷大学图书馆、蒂姆·瓦格纳、马克·瓦格纳、莎拉·瓦格纳、戴夫·高尔森、菲尔·格林、克里斯·鲁尼、吉姆·凯恩、卡梅伦·纽威尔、基蒂·博尔特、则西思协会、布拉德利·鲍尔、鲍尔农场有机食品公司、乔纳森·科赫、史蒂夫·阿尔布克和克里斯·谢尔德斯。

最后，我要感谢我的妻子、儿子、家族成员和朋友们坚定不移的支持和耐心。

# 注释

## 导言　蜜蜂嗡嗡嗡

1. 见 1971 年塞利格曼对该理论的解释、2010 年慕布斯等人的实验以及 2013 年洛克伍德对这一课题的深入探讨。

2. 这种对昆虫的反应在生命早期就出现了，被认为是一种"重要"厌恶。参见查普曼和安德森 2012 年对厌恶研究的精彩摘要。

3. 中国人对蟋蟀的喜爱也许是最深的。他们把蟋蟀当作家养宠物，甚至举办各种各样的鸣叫比赛。蟋蟀可能会被装在竹笼中运输或展示，但大多数的宠物蟋蟀生活在葫芦或陶罐中（这也有助于放大它们的歌声）。

4. 见 2015 年罗菲特–萨尔克等人的研究。

5. 确定驯养的日期是一件棘手的事情，而且通常是争论的焦点。本部分的比较基于对 6 500 年前的养蜂量的保守估计，早于罗菲特–萨尔克等人发现的第一个可能的迹象，晚于古埃及人的先进技术的出现。有关牲畜和作物日期的研究请参见 2009 年德里斯科尔等人的研究和 2012 年梅耶等人的研究。

6. Herodotus 1997, 524.

7. 迄今为止，最古老的物证来自对中国古代罐子中的残留物的分析（McGovern et al. 2004）。但是蜂蜜偶尔也会在野外发酵，所以我们的祖先可能很早就有了这个发现。

8. 除了蜂蜜酒，当蜜蜂在某些麻醉植物的花蜜上觅食时，其产出的蜂蜜本身也可能含有酒精。玛雅人、尼泊尔的古隆人和巴拉圭的伊西尔人都记录过蜂蜜引起幻觉的案例（Escobar 2007, 217）。

9. 参照叙利亚的《药典》可知，医生通常会建议给出现喉咙痛、打嗝、恶心、流鼻血、心痛、视力差或精子数低等症状的病人食用蜂蜜。另外，蜡也是一种治疗方法，可以用来治疗牙齿松动和睾丸疼，以及“剑、矛、箭等”造成的伤口（Budge 1913, CVI）。

10. Ransome 2004, 19。

11. 这个数字来自李维记录的发生在公元前 173 年的一次小冲突，当时罗马执政官西塞雷乌斯的军队在战斗中杀死了 7 000 名科西嘉人，又俘虏了 1 700 名囚犯。自此以后，蜡制贡品增加了一倍。之后，李维的《罗马史》没有再提到科西嘉人。他们大概在忙着收集蜂箱里的蜡，没时间去惹麻烦（Livy, 1938）。

12. 词源学家认为“尖笔”（stylus）这个词可追溯到拉丁语词根“sti”，意思是“刺伤”。罗马抄写员会在蜂蜡石碑上书写，从语言等效角度而言就相当于是“刺伤”。

13.“梅利莎”仍然常被用作女子名。“梅利娜”也一样，希腊语中意为“蜂蜜”。在希伯来语中，蜜蜂这个词是d’vorah，“黛博拉”就由此而来。

## 第 1 章 琥珀中的泥蜂

1. 有证据表明，沙蜂和许多独居蜂一样，也可能受益于“数量上的安全”——通过将巢聚在一起可以降低被捕食或被寄生的风险。

2. 一般来说，成年泥蜂吃花蜜或果肉来为自己的身体提供燃料，并为供养它们的幼虫寻找猎物或腐肉。

3. O’Neill 2001.

4. 这只迷人的、长得像泥蜂的蜜蜂存在于一块缅甸琥珀中（Poinar and Danforth 2006），但后来受到了一些资深专家的质疑。不幸的是，标本仍归私人所有，目前无法进行核验。然而，对缅甸琥珀化石的研究前景开阔，因为它们可以追溯到白垩纪中期，即 1 亿年前，这是蜜蜂进化的一个关键时期，也是一个完全没有文献记载的时期。

5. 在一定程度上，叶舌蜂属的黄脸蜜蜂被认为是一个原始品种，因为它们长得像泥蜂，而且有吃花粉的习惯。最近的研究表明，它们进化得比较晚，在养成了吃花粉的习惯后才具有了泥蜂的外形。早期蜜蜂使用了哪些策略仍有很多争议，但杰出的蜜蜂学者查尔斯·米切纳（2007）认为，原始蜜蜂会利用身上的毛发携带花粉。

6. 昆虫被困在琥珀中是一个可怕的讽刺，因为通常是昆虫（尤其是甲虫）先伤害了树，才导致树脂溢出。作为一种防御机制，树脂可能会阻止树的攻击者。但在许多情况下，它也成功地保护了树木以及路过的无辜生物。

7. 沙蝇的肠道含有一种虫媒原生动物，与引起神经系统非洲锥虫病、美洲锥虫病和利什曼病的原生动物有关（Poinar and Poinar 2008）。

8. 数百种热带植物的花可以生产树脂。虽然可以想象到，这种习惯本是为了防御吃种子或花瓣的草食动物，但在所有已知的实例中，树脂现在成了授粉者（主要是蜜蜂）获得的奖励（Armbruster 1984，Crepet and Nixon 1998，and Fenster et al. 2004）。

9. 诺亚和我后来了解到，石化的树脂保留了它的另一个古老的特性：易燃性。在我办公室旁边花坛的一块砖上，我点燃了一小块树脂，几分钟后，它冒出了令人窒息的黑烟。我们的实验证明德国人称琥珀为“烧石”（burn stone）是正确的，这个词在英语中通常表示姓氏“伯恩斯坦”。

## 第 2 章　我的黑彩带蜂

1. 林奈认为这是中世纪塞维利亚学者伊西多尔（约 560—636

年）的观点，他在他的《语源学》第一卷中用另一种方式描述了这一观点。

2. Dr. Laurence Packer, “An Inordinate Fondness for Bees,” n.d., archived at www.yorku.ca/bugsrus/PCYU/DrLaurencePacker, accessed September 5, 2016.

3. 一些人认为蜜蜂眼部的毛是“机械感受器”，对风向和风速的变化产生生理反应。一项著名的研究将驯养蜜蜂的毛剃掉了，发现它们的导航技能在随后的大风天气中受损（Winston 1987）。而其他研究认为毛底部没有可感知的神经细胞，并指出毛随着蜜蜂年龄的增长会逐渐磨损，但不会引起明显的不良反应（Phillips 1905）。

4. 完成蜜蜂课程返回家后，我经历了一个紧张的时刻，这种感觉对于乘飞机旅行的昆虫学家来说一定再熟悉不过了。当我排队等候机场安检时，我突然想到随身行李里有两个装满氰化钾的罐子。我在众目睽睽之下看着那个袋子进入了X射线扫描仪里……但它顺利通过了。我很高兴这些罐子没有被没收——氰化物太难找了。但由于我知道我的包里装了一些内含致命毒药的瓶子，这引起了一个令我不安的问题：我周围的乘客可能携带了什么呢？

5. 凯恩斯（2000）梳理了达尔文乘坐小猎犬号的航行笔记，整理了一份动物标本清单。其中，1 529 份用红酒保存，3 344 份用其他酒保存，576 份未用酒保存。在马尔维纳斯群岛收集到的众多宝石中就包括 1934 号标本——“老鹰肚子里的老鼠的牙齿”。

波特（2010）回顾了达尔文的植物收藏，在剑桥植物标本室 1 476 个标本片上发现了 2 700 个标本，他的大部分植物收藏都被储存了起来。请注意，这些标本不包括达尔文制作的地质或古生物标本。

6. 华莱士的收藏包括哺乳动物、爬行动物、鸟类、贝壳和昆虫，他在《马来群岛》（Wallace 1869，xi）中描述了这一情况。值得注意的是，在他的标本中，有 83 200 只甲虫，占总数的 2/3 以上。

7. 有关这一现象的完整解释也可在一些甲虫和蝴蝶鳞片中找到，见 2007 年贝尔铁尔的研究。

8. Graves 1960, 66.

9. 由于蜜蜂、泥蜂和蚂蚁腰部所处的特殊位置和发育情况，它们腹部的第一部分其实位于胸部。从功能上讲，这种区别是无关紧要的，大多数人把蜜蜂的后端称为腹部（或后体），就像其他昆虫一样。

10. Aristotle 1883, 64。

11. Schmidt 2016, 12。

12. 研究人员通过一个巧妙而古怪的Y形迷宫实验证明了这一能力。从Y底部出来的蜜蜂可以很容易地找到位于其中一个分枝上的诱饵。然而，如果将它的触角交叉起来，并用胶水固定住位置，它总是找到错误的分枝（Winston 1987）。

13. 在野外很难测量到气柱，无法根据蜜蜂如何找到花来区分视觉和其他气味的影响。但吉姆·阿克曼完成了这一挑战，利用气味把雄性兰花蜂吸引到巴拿马加顿湖半英里开外的一个小岛上（David Roubik, pers. comm.）。

14. Evangelista et al. 2010.

15. Porter 1883, 1239–1240.

16. 各种节肢动物中都会出现单眼，比如昆虫、蜘蛛、马蹄蟹。它们的能力各不相同，在许多情况下十分神秘。对于蜜蜂来说，越来越多的证据表明单眼在低光条件下起到导航的作用。少数适合爬行和夜间觅食的物种都发育出了大面积的单眼（Wellington 1974, Somanathan et al. 2009）。

17. 蜜蜂在运动时也拥有这个能力，它可以帮助它们判断与周围静止物体的距离。再加上它们敏锐的嗅觉和方向感，可让它们对周围环境得出三维的感知（Srinivasan 1992）。

18. 除了极少数例外（如日本蜜蜂），大多数蜜蜂的眼缺少辨别红色所需的视觉感受器。然而，许多蜜蜂仍然可以通过感知红色在绿色背景下产生的光的强度差异来定位红花（Chittka and Wasser 1997）。

19. 关于紫色和其他紫外色花现象的讨论，请参见 2001 年凯文等人的研究。

20. 许多沙漠里的花把花蜜藏在深处以减少蒸发。这一物种独特的口器使它能够深入花中进食，当它的舌头伸入花蜜时，仍然能发现周围的危险（Packer 2005）。

21. 马格纳的主张是这个领域中唯一一个得到发表的。但在另一个版本中，关于熊蜂的计算可被追溯到一个鸡尾酒会上，路德维格·普兰特、雅各布·阿克雷特，可能还有他们的学生参加了这个酒会。

22. Hershorn 1980。

23. Heinrich 1979。

24. 有关蜜蜂空气动力学的回顾，请参见 2005 年阿特舒勒等人的研究。

25. 迪伦和达德利（2014）在中国西部山区捕获了当地熊蜂，并将它们放在飞行舱中，以降低气压模拟海拔升高。蜜蜂不是通过增加翅膀拍打的频率来维持飞行的，而是通过增加它们的振幅（也就是说，每次拍打都让翅膀飞舞的幅度更大）。

26. 由于蜜蜂的身体很小，所以它的呼吸和循环系统很简单，血液可以自由流过大部分体腔，直接与细胞交换营养物质和废物。空气也扩散得很广，不需要通过肺部，也不需要通过血红蛋白输送氧气。

27. 蜜蜂也会引起公共关系方面的问题。实际上，蜇人的蜜蜂绝大多数是泥蜂，特别是泥蜂科的社会物种（小胡蜂、纸泥蜂和大胡蜂）。虽然这些生物本身很迷人，但它们经常表现出易怒和攻击的倾向。甚至昆虫学家也只能蹑手蹑脚地绕着它们转，我曾经听一位社会性泥蜂专家在公开演讲时说过，“没人喜欢社会性的泥蜂”。

28. E. O. 威尔逊和其他进化思想家认为，群体防御巢穴是形成“真社会性”的必要条件，因此，最严重的蜂刺来自社会性物种并不奇怪。令人惊讶的是，最大的群居蜜蜂所拥有的刺已退化得很小，不会造成伤害。无刺蜂包括大约 500 种，主要是热带品种。它们的进化故事仍有争议，但似乎它们的社会性进化完全后就失去了蜂刺，许多蜂王会散发出恶臭的气味，通过围攻或用有腐蚀性且起泡的化学物质加重咬伤来代替刺。自杀式地咬人甚至被认为是无刺物种利他主义的一种衡量标准。但是，为什么它们不保留最初帮助它们实现社会性的刺痛能力呢？这仍然不为人所知（Wille 1983, Cardinal and Packer 2007, and Shackleton et al. 2015）。

29. 蜜蜂的毒刺是非常可怕的。除了注射毒液外，它还会深深刺入受害者体内，发出警报信息素，召唤其他蜜蜂继续攻击。

30. Maeterlinck 1901, 24–25.

## 第 3 章　不孤独的独居蜂

1. 这句引语经常被错误地认为来自 19 世纪的作家和剧作家巴尔扎克。但是，巴尔扎克从未说过或写过这样的话。这句话来自让–路易斯·古兹·德·巴尔扎克（和前面的巴尔扎克没有关系），他是一位 17 世纪的多产的散文家、秘书和法国学院的早期成员（Balzac 1854, 280; translation confirmed by S. Rouys, pers. comm.）。

2. 虽然我们已经有了至少可以追溯到 2.8 亿年前的具备幼虫阶段特征的化石，但昆虫蜕变过程的演化尚未明确。在减少后代和成虫之间的竞争方面，特别是对于那些幼虫寿命较长的物种，蜕变可能提供一些优势。它已经成为一种非常成功的生活策略，存在于 80% 以上的昆虫中，包括蜜蜂、胡蜂、蚂蚁、苍蝇、跳蚤、甲虫、蛾和蝴蝶。

3. 在一群蜜蜂（包括果园壁蜂的几个近亲）中，总有一部分后代会多睡一年。从理论上讲，这种延迟进化可以对抗恶劣天气、花粉和花蜜资源匮乏或可能威胁整个蜂群的灾难性事件。但这一策略并非没有风险。个体在巢中睡眠的时间越长，暴露于寄生虫和病原体的时间就越长。任何靠近入口的老蜜蜂都会被从后面啃出一条道路的年轻蜜蜂摧毁（Torchio and Tepedino 1982）!

4. 进一步说，有证据表明，所有叮人的胡蜂、蚂蚁和蜜蜂的共同祖先都属于寄生类。这些群体的幼虫会延迟排便，这是拟寄生物用来避免过早地使寄主生病的一种习惯。这种似乎来自同一祖先的特征表明在这一多样化群体的历史中，有些物种（例如蜜蜂、蚂蚁）已经丢弃了寄生的生活方式，有的（例如一些胡蜂）仍然保持了这一方式。

5. “戴绿帽”这个词源于杜鹃的习性，人们早在研究蜜蜂的行为时就认识到这一类比。英语中第一次使用“戴绿帽”比“寄生蜂”这个词早了近 6 个世纪。

6. 这些致命口器的目的是无可争辩的。它们只出现在杜鹃蜂幼虫的早期生命阶段。一旦寄主幼虫孵出，杜鹃蜂幼虫就会失去武器，像正常的小蜜蜂一样发育。

7. 成年蜂的大小直接反映了它在幼虫阶段得到的食物量。在像果园壁蜂这样的独居物种中，这通常会导致雌性个体增大，但也表现了母蜂的熟练程度以及飞行的环境条件。一个气候恶劣或花卉资源稀缺的季节会导致第二年的成虫体形较小。在像蜜蜂或熊蜂这样的社会物种中，被选为蜂王的幼虫可以获得更多的食物，使其具有生育能力，且体形较大。（蜜蜂可生产一种营养特别丰富的物质——“蜂王浆”，专门用于喂养蜂王。）

8. Cane, 2012, 262–264.

9. 关于斑马条纹的争论源自达尔文和华莱士的矛盾。最近的研究表明，它们有助于保持斑马身体凉爽，驱赶咬人的苍蝇，但其他证据仍然表明其作用主要体现在视觉效果上（How and Zanker 2014, Larison et al. 2015）。

10. E. O.威尔逊访谈存档于http://bigshink.com/videos/edward-o-wilson-on-eusociality。

11. Virgil 2006, 79.

12. Michener 2007, 15.

13. Ibid., 354.

14. 然而，当雌性与不止一只雄性交配并储存精子时，这种关联性会降低，在某些物种中确实是这样。

## 第4章　蜜蜂和花的特殊关系

1. Thoreau 2009, 169.

2. 最重要的花粉蜂群落存在于非洲西南部，在那里，格斯（2010）报告了数千种在地面集中筑巢的物种，它们定期造访紫菀、贝娄花和其他科的花。在授粉方面，我们通常认为它们不如其他蜜蜂重要。但在一年中的某些时间，对某些花而言，花粉蜂的数量远远超过蜜蜂，可能成为最有效的传粉者。

3. 丘吉尔演讲的全文以及部分视频可以在http://www.winston churchill.org/resources/speeches/1946-1963-elder-statesman/120-the-sinews-of-peace上查看。

4. 汤普森和其他机构现在经常使用这个词，这个词来自1984年唐纳德·斯特朗、约翰·劳顿和理查德·索斯伍德爵士所作的《植物上的昆虫》( Strong et al. 1984 )。

5. 蜜蜂、绒毛和花粉之间的联系是紧密的。改变任何一方面，往往就会造成迅速的变化。例如，杜鹃蜂不收集花粉，所以身体上没有毛，看起来相当光滑，像泥蜂一般，但用显微镜仔细检查还是会发现一些残留的毛仍然附着在足、脸或身体上。

6. 泥蜂吃花蜜，是许多物种的不稳定授粉者，但很少专门为哪种植物授粉。但也有例外，如榕小蜂、某些面部带有钩状毛的花粉蜂，以及某些被骗与兰花交配的雄蜂。

7. Darwin 1879, from a facsimile in Friedman 2009.

8. 被子植物出现的确切时间仍存在争议，但是结合化石和遗传数据，它们可能出现在侏罗纪时期，在白垩纪的多样性出现之前，它们作为热带森林灌木存在( 杜瓦勒2012年审阅 )。

9. “Flowers,” Longfellow 1893, 5.

10. 从某种角度来说，即使是红色也会受到限制。一些专家认为，鸟类喜欢红色花朵，与其说是出于偏好，不如说是出于机会。它们会访问很多颜色的花，但由于大多数蜜蜂都看不见红花（或者更难找到），鸟类就少了一些竞争对手，这有助于鸟类和植物的特化。如果没有蜜蜂的竞争驱动这个系统，鸟类可能也会选择其他颜色，比如胡安·费尔南德斯群岛的无蜂植物区，那里的 14 种蜂鸟授粉的花中只有 3 种是红色的。

11. “Give Me the Splendid Silent Sun,” Whitman (1855) 1976, 250.

12. Sutherland 1990, 843.

13. 来自 1862 年 1 月 30 日给胡克的一封信，见www.darwinproject.ac.uk（Kritsky 1991）。

14. 塞尔柯克的直觉反应被证明是正确的。3 个月后，辛克港号在哥伦比亚海岸沉没。船长和幸存的船员被西班牙殖民当局逮捕并监禁。

15. 2001 年伯纳德罗等人全面回顾了胡安·费尔南德斯植物群，他们发现 73% 的本地花卉是白色、绿色或棕色的。只有 12% 的花是黄色的，而蓝色是蜜蜂特有的颜色，只占花的 5%。同样，超过 75% 的花是圆的或不显眼的，只有 2% 的花呈明显的两侧对称或其他对称，这在只被蜜蜂授粉的花中很常见。

16. 在至少一个物种中，颜色也从纯蓝色（蜜蜂的颜色）变为紫色，对鸟类也更有吸引力（Sun et al. 1996）。

17. 布兰迪的陈述基于共享继承的逻辑，这是进化研究中的一个关键原则。当一系列相关的生物共享一种特性，如分支的毛发时，最简单的解释是，这种特性是由一个共同的祖先遗传下来的，而不是单独形成的。

18. 想了解更多关于这些研究的信息，请参阅 1999 年和 2003 年舍姆斯克和布拉德肖的研究。

19. Hoballah et al. 2007.

20. 在实验环境中，蜜蜂总是选择糖浓度最高的花蜜（Cnaani et al. 2006）。这种行为在野外很容易观察到，蜜蜂会很快学会使用蜂鸟喂食器和利用其他可靠的甜味来源。例如，在哥斯达黎加的拉塞尔瓦生物站，观看三角洲蜜蜂的最佳场所位于自助餐厅的走廊上，在那里它们会排成一行，围在随处可见的利扎诺酱汁瓶边进食。

21. 当糖含量超过 80% 时，蜂蜜的甜味大约是蜜蜂授粉花的花蜜的两倍。

22. 确切地说，雄性兰花蜂是如何利用这些香味的还不清楚，但通常认为，它们可能有助于建立求偶场所。在那里，多个雄性聚集在一起争夺雌性。但有一件事是肯定的：只有气味并不能吸引雌性，因为雌性从不去采花。

23. Darwin 1877, 56.

24. 关于蜂兰属这一过程的有趣研究，见 2015 年布瑞特科夫等人的研究。

25. 蜜蜂的舌变得越来越长是一种强烈的进化信号，这可能是到达花距的更深处的结果。对于植物来说，花距可缩小传粉者群体的范围，让它们更专注于某些花，使植物物种更多样化。例如，川乌（乌头属植物）和耧斗菜（飞燕草属）等都含有数十种物种，而它们的近亲黑种草（毛茛科黑种草属）缺乏花距且只包括少数物种。

26. 许多具有特殊授粉关系的植物通过保持一定程度的自育能力（从自己的花粉中产生种子的能力）来应对不利因素。事实上，这可能有助于进化，许多花会尝试新的气味、颜色和其他授粉特性。

## 第 5 章 花开之地

1. 这句话是对法国经济学家让·巴普蒂斯特在 1803 年出版的《政治经济学论文》中提出的一项原则的概括。

2. 俗称“蜜蜂实验室”，这个优秀的实验室的正式名称为：美国农业部蜜蜂生物学和系统学实验室。

3. 条蜂的属名“Anthophora”来自希腊语，意思是“花柄”。但对于这个物种来说，它真正的不同之处在于它们的特殊称谓“bomboides”指代熊蜂属，结果就是得出了一个非常科学的名称，意为一种看起来像熊蜂的条蜂。

4. Fabre 1915, 228.

5. Nininger 1920, 135.

6. 这被称为贝茨模拟。使用这种策略的主要是无害的物种，它们通过模仿有毒、刺痛或带有其他危险的物种的颜色来保护自己。因此，前者通过模仿后者，抵御潜在的敌人或掠食者。这种模仿形式以 19 世纪英国探险家和博物学家亨利·沃尔特·贝茨的名字命名，他首先在描述各种亚马孙蝴蝶时提到了这种策略。

7. 虽然条蜂已经没有蜂刺，但它们发展了其他几种防御行为。在一次去悬崖的考察中，一只雌蜂被缠在了我的网里，我花了好一会儿才把它弄出来。不久之后，我注意到一些蜂在我周围盘旋，飞来飞去之后又撤走了。在以前，蜜蜂都不曾关注过我的存在，但现在有十几只或更多的蜜蜂纠缠着我——它们甚至跟着我来到沙滩边。难道说被捕获的蜜蜂在网里释放了警报信息素吗？为了验证这个想法，我走下悬崖，把网放到另一个地方，网立刻被盘旋的蜜蜂包围住了。作为一个孤独的物种，条蜂未被发现具有协调防御的习惯，但它们是群居的，偶尔也共享筑巢通路。防御是社会进化的核心——这一新生的策略会发展出一条进化之路吗？与我交谈过的所有专家都没有相应的解释，但是布鲁克斯（1983）注意到了条蜂的这种行为，而索普（1969）在另一个条蜂属的蜜蜂中也看到了类似的现象。这是一个很好的硕士论文主题！

8. Brooks 1983, 1.

9. Nininger 1920, 135.

10. 条蜂也用它们的蜜源作物运输水分，在它们建造通道、房间和塔楼时用它润湿土壤。在筑巢高峰期，雌性每天要来回飞行多达 80 次到达淡水源取水（Brooks, 1983）。

11. 可折叠的昆虫网也可以很快地消失，这在一个不欢迎收集昆虫的地方显得尤为方便。昆虫学家被称为“国家公园专家”。

12. 这个常见的表达来自 1989 年的电影《梦想之地》中的

一个小错误，该片中一位艾奥瓦州的农民在听到一个低语的声音“如果你建造它，它们就会来”之后，在玉米地里建造了一个棒球场。

13. 蜜蜂从苜蓿花上抢夺花蜜的习惯为更高级别的偷窃奠定了基础。在我们参观山谷时，马克向我们展示了一位商业养蜂人在一块被苜蓿地包围的租用地上开的一家商店。在狭小的空间里放着几十个忙碌的蜂箱，里面都是蜂蜜。但是，由于这些蜜蜂未能为大多数花授粉，这种做法就变成了海盗行为——在没有回报的情况下抽干花蜜，减少了农民的结实率、产量和利润。“不是我不喜欢蜜蜂，”马克有点儿粗声粗气地解释说，“我就是不喜欢养蜂人。”

## 第 6 章　向蜜鸟与原始人类

1. 译自伊拉斯谟所记载的拉丁语谚语“neque mel，neque apes”（Bland 1814, 137）。

2. 凯恩和特佩迪诺（2016）认为，蜜蜂对北美本地物种的最显著影响不在于农业或发达地区，而位于野生栖息地，特别是在美国西部，商业蜜蜂蜂巢通常在为各种作物授粉后会活跃几个月。

3. Sparrman 1777, 44.

4. 当这种鸟不存在时，我们往往会发现更多的证据来证明它与人有着密切的联系。在城市、城镇和农业定居点附近，几乎没有人寻找蜂蜜，因此这些鸟开始失去它们的引导习惯。一些自然资源保护主义者现在呼吁将传统的蜂蜜狩猎重新引入非洲国家公园，这一做法不仅仅是在保护向蜜鸟，也是在保护它们的特殊行为。

5. 在饥饿条件下，当葡萄糖变得有限或不可用时，大脑可以通过脂肪酸分解产生的酮暂时维持运行。

6. 一些权威机构现在把胡桃人归为一个独立的属，傍人属，意为“健壮的南方古猿”，它们有时也被称为“东非人”，这个名称最初由力奇家族提出。撇开命名争议不谈，专家们普遍认为它不是人类的直系祖先，而是人类进化时期居住在东非的几种密切相关的古人类之一。

7. 贝尔纳迪尼等人的研究（2012）以及罗菲特-萨尔克等人的研究（2015）为新石器时代的蜂蜜的使用提供了良好的证据。

8. 尽管接吻的想法占据了所有的头条新闻，但这项研究揭示了对尼安德特人饮食的深刻见解——他们吃毛犀牛、野羊、蘑菇、松果和苔藓等，且在不同的地方饮食习惯都有所不同。然而，由于作者分析了DNA的痕迹而不是化学特征，他们无法寻找蜂蜜的证据（Weyrich et al. 2017）。

9. 像肉、水果、块茎等食品一样，蜂蜜也是哈扎人的常见食物。但由于它特别受欢迎，它也可能成为欺骗的主体。当没有足够的蜂蜜时，阿丽莎观察到猎人们会把蜂巢藏在衬衫下面，偷偷送给自己的妻子和孩子。

10. 哈扎人的蜂蜜习惯并不是一个孤立的例子。在几乎每一个产出蜂蜜的地方，蜂蜜都是狩猎采集者的重要食物来源。例如，刚果伊图里雨林的姆布提人也把蜂巢产品列为他们最喜欢的食物。他们袭击至少 10 种不同蜜蜂的巢穴，在每年的“蜂蜜季”，他们依靠蜂蜜、花粉和幼虫获取 80% 的热量，这是一个大规模开花和蜂蜜产量极高的时期，持续时间长达两个月（Ichikawa 1981）。

11. Crittenden 2011, 266.

12. Brine 1883, 145.

13. Stableton 1908, 22.

## 第 7 章　饲养熊蜂

1. Thoreau 1843, 452.

2. Sladen 1912, 125. 我试过了，木棍的末端很好用。当你工作时，你的厨房会充满融化的蜂蜡的浓郁气味，这也算是一个额外的好处。

3. Tolstoy (1867) 1994, 998.

4. Doyle 1917, 302.

5. 在众多养蜂书籍中，最著名的包括苏·哈贝尔的回忆录《蜜蜂之书》（*A Book of Bees*）、威廉·朗古德的《蜂王必须死》（*The Queen Must Die*）以及理查德·琼斯和莎伦·斯威尼·林奇的《养蜂人的圣经》（*The Beekeepers Bible*）等。

6. 普拉斯也清楚地知道其他种类的蜜蜂。在一首诗中，她凝视着一种在地面筑巢的蜜蜂钻了一个像铅笔一样粗的洞，这样的描写只能来自个人经验。总有一天，一个对昆虫学感兴趣的英语专业学生会写一篇伟大的论文，纠正所有普拉斯对蜜蜂的错误比喻。例如，当她提到一只独居的蜜蜂时，她显然不是在谈论一只碰巧独处的蜜蜂！

7. Plath 1979, 311.

8. 虽然这只鹪鹩得到了蜜蜂的最佳产物，但有时形势会变得完全不同。几项研究表明，熊蜂蜂王在一些情况下，甚至在鸟类已经开始产卵后，会将鸟类从巢箱中逐出。在对韩国两种山雀的实验复盘后，人们发现，嗡嗡声足以让许多正在孵化的雌山雀逃离巢穴（Jablonski et al. 2013）。

9. Coleridge 1853, 53.

10. 这种蜜蜂的学名是Bombus Sitkensis或者B. Mixtus。因为大多数人都不认识世界上250种熊蜂之间的区别，其中的许多熊蜂直到最近才有了常用的名称。乔纳森·科赫是北美西部熊蜂野外指南的主要作者，他发现在那本书出版之前，自己一直在编写名字。他在一封电子邮件中告诉我，B. Mixtus也叫“茸角熊蜂”，因为雄性的触角内表面有橙色的绒毛，也因为它“听起来很可爱”。

11. 在《物种起源》一书中，达尔文认为熊蜂是红花苜蓿唯一的传粉者，但后来才知道蜜蜂也会造访这些花（许多独居的蜜蜂也会）。他为自己的错误感到羞耻，写信给一个朋友说：“我恨我自己，我恨那些隐藏的未知，我恨蜜蜂。”（引自1862年9月3日写给约翰·卢伯克的信。）

12. Darwin 1859, 77.

## 第 8 章　人类 1/3 的食物来自蜂类

1. 在世界的不同角落一个巨无霸汉堡的组成确实略有不同。例如，南非人加了一片西红柿，而在印度，因为牛的地位高，牛肉被鸡肉或羊肉取代。

2. 给牛喂糖果和很多奇怪的东西是一个惯常操作，尤其是当谷物价值高企时（Smith 2012）。

3. 它的英文本来写作“rape”。为了消除明显存在的市场限制，马尼托巴大学的作物研究人员将它的变体命名为芥花。

4. 令人惊讶的是，在少数关于莴苣授粉的研究中，琼斯（1927）发现蜜蜂有助于在同一种植物的花内和花间传递花粉，从而提高了受精率和每朵花传递的花粉粒数。丹德烈亚等人（2008）使用遗传工具来确认偶尔的异花授粉，假设蜜蜂在 130 英尺的距离内可进行授粉，这是已被研究过的最远距离。

5. 椰枣树的风媒传粉效率极低，一些专家认为它们可能曾经也依赖昆虫授粉。粉从哪种野生椰枣树上落下还不得而知，但在这个家族中，蜜蜂、甲虫或苍蝇授粉比风更为常见。此外，雌花中的组织仍能产生花蜜，一些雄性品种能产生芳香的花朵。布赖恩·布朗告诉我，他有时会看到雄花上有蜜蜂，它们被丰富的花粉覆盖着，看起来像是个“酒鬼”（Henderson 1986, Barfod et al. 2011）。

6. 奇怪的是，这种实践知识直到 18 世纪才转化为对授粉的科学理解。传粉的细节，尤其是昆虫的作用，一直没有定论，直到 19 世纪 60 年代，查尔斯·达尔文和他的同时代研究者才开始认真研究这个问题。

7. 古代的种枣人似乎一心想把嗡嗡叫的昆虫赶走，试图利用人类授粉的水果来替代蜂蜜。在古代世界，“枣蜜”经常在蜜蜂稀少的地方被当作实物典当，或者作为廉价的替代品出售。现在枣蜜在阿拉伯语中被称为“rub”，在希伯来语中被称为“silan”，在中东和北非的烹饪中它仍然是一种常见的甜味剂。

8. Theophrastus 1916, 155.

## 第 9 章　空空的蜂巢

1. Miller 1955, 64.

2. 遗传证据表明加利福尼亚熊蜂可能是更普遍的黄色熊蜂改变局部颜色的变体。

3. 尽管经常有报道称提比留喜欢黄瓜，但直到中世纪，没有证据表明欧洲存在黄瓜。他所能得到的与之相关的水果更可能是甜瓜，一系列甜甜的厚皮瓜的祖先，包括香瓜、蜜瓜和冬甜瓜（Paris and Janick 2008）。

4. As quoted in Paris and Janick 2008, from the translation by H. Rakham.

5. 白腰熊蜂生活在阿拉斯加和加拿大北部，尽管存在微孢子虫病原体，但西部熊蜂的种群似乎已趋于稳定。杰米·斯兰奇等人很想知道这是否属于一种不同的微孢子虫属，以及气候或其他环境条件是否会改变它的影响。

6. 蜜蜂飞行距离的最佳答案是“只要它们需要，多远都能飞”。觅食范围变化很大，直接反映出花朵的利用价值。常见距离可能是 2 英里，但在风景区（或在一年中的某些时间）花朵比较稀疏的时候，工蜂们经常会走很远的路去寻找花蜜和花粉。1933 年的一项研究记录了蜜蜂从甜苜蓿地飞到邻近灌木丛中的蜂巢的过程，飞行距离为 8.5 英里。在当时的条件下，蜂群并不繁荣。但实验表明，当有需要时，工蜂们能够飞行很远的距离。一项现代调查通过解释在约克郡沼泽地觅食的蜜蜂的摇摆舞证实了这一发现，在那里，个体可飞行长达 9 英里的距离，到达开花的石南丛中（Beekman and Ratnieks 2000）。

7. 起初只是科学的不确定性和对CCD的分歧，但很快就波及公共领域，特别是对农药和转基因作物可能扮演的角色格外地苛刻。不同的结果和解释使各方都找到了一些支持自己立场的证据，从而使争论旷日持久。事实上，CCD 争议已经成为学术界关注的一个话题。因其集中了利益冲突、情绪高涨和重要政策影响等因素，社会科学家将之视为公众对科学认知的一个案例（Watson and Stallins 2016）。

8. 在花蜜中存在生物碱和其他防御毒素虽然是不寻常的，但也不少见，至少在十几个植物科中出现。这一现象仍少有研究，但这方面的研究可能有助于建立专门的传粉者关系。例如，灭绝的棋盘花蜂（Andrena Astragali）似乎能够解除同名植物花蜜和花粉中的一种强效生物碱毒素。没有其他传粉者能做到这一点。有一次我发现了一只寄生蜂，它在一朵棋盘花上啜了一口，然后就昏了过去。我把它放在我的手上半个小时，它还昏迷不醒，我把它放在另一株（无毒）植物上，它还是没醒来。有关有毒花粉的更多信息请见 Baker and Baker 1975 and Adler 2000。

9. 有迹象表明，蜜蜂至少可以识别出一些极其有害的化学物质。研究人员最近注意到“封盖花粉”的增加，蜂巢里充满了废弃的花粉，并用蜂胶覆盖，就像蜜蜂在蜂巢中隔离异物一样。封盖花粉的颜色常常很奇怪，其中杀菌剂和杀虫剂的含量也很高（vanEngelsdorp et al. 2009）。

## 第 10 章　阳光下的一天

1. Muir 1882b, 390.

2. 我后来和一家生产杏仁收割机的公司的技术人员谈过，他说，大多数机型都是用吸尘器和铲子相结合的方式来吸坚果。无论哪种方式，他都说保持果园地面的清洁和光秃秃是有效运作的必要条件。

3. 则西思蓝小灰蝶生活在旧金山附近的沿海沙丘中，以本地羽扇豆和荷花为食。它在 20 世纪 40 年代因栖息地的丧失而消失，被认为是人类活动导致的第一种灭绝的北美洲蝴蝶。

4. 那天晚些时候，我们经过一片巨大的向日葵果园，蜂巢有规律地排列在其周围。当我们仔细观察的时候，我们注意到每一个蜂箱上都有大罐的糖浆。这似乎令人难以置信——在这里，在盛夏时节，在肥沃的农田中，蜜蜂需要补充饲料来维持生存。回忆起他年轻时在北达科他州看到的多产、充满蜂蜜的蜂箱，埃里克感到震惊，也有点儿生气。“这就像看着一头饥饿的三条腿的母牛。”他说，然后我们继续前进。

5. Muir 1882a, 222.

6. Ibid., 224.

## 结论　在草地自在飞行的蜜蜂

1. Yeats 1997, 15.

## 附录A　蜂类家族

1. Houston 1984.

2. Danforth 1999.

3. Danforth et al. 2013.

# 术语汇编

**腹部（abdomen）**
蜜蜂或其他昆虫尾部体节的总称。

**触角（antennae）**
蜜蜂头部长长的感觉结构，能够精确地感受到气流中的气味、温度和湿度等。

**节肢动物（arthropods）**
一个大型类群，包括昆虫、甲壳动物、蜘蛛和其他无脊椎动物，身体被外骨骼包围。

**左右对称（bilateral symmetry）**
字面意思是两边对称，这种结构可沿着特定的轴分为两个互为镜像的部分，常见于蜜蜂授粉的花朵。

**蜂鸣授粉（buzz pollination）**
见“声振传粉”。

**熊蜂（bumble bee）**
熊蜂属大约包含250个物种，营群居生活，以其大而多绒毛的身体而闻名，通常有亮橙色或黄色的条纹。

**羽化新蜂（callow）**
刚爬出蛹茧的成蜂。

**巢房（cell）**
独居蜂蜂巢中的单室，里面有足够的花粉和花蜜来满足一只幼虫的发育需要。

**几丁质（chitin）**
坚硬的纤维状物质，由长链糖分子构成，是节肢动物外骨骼的主要成分。

**杜鹃蜂（cuckoo bees）**
一种盗寄生蜂，它们把卵产在其他蜂类的巢穴中，某些高度社会性的盗寄生蜂通过杀死其他蜂类的蜂王并接管它的工蜂实现寄生。

**表皮（cuticle）**
位于蜜蜂外骨骼最外层的坚硬物质。

**条蜂**（digger bees）
条蜂属，身体健壮多绒毛，有时在地面或裸露的河岸和悬崖上密集地筑巢。

**果糖**（fructose）
水果和蜂蜜中的一种单糖。

**属**（genus）
对近缘物种的分类，所有属都来自同一个祖先。

**葡萄糖**（glucose）
可促进细胞活力的单糖，对大脑功能特别重要，在蜂蜜中含量较高。

**越冬巢**（hibernaculum）
熊蜂蜂王越冬的地方，它们通常会在平缓或倾斜的地面上挖掘浅洞，比如苔藓或落叶层的下面。

**人属**（hominin）
灵长类的一个分支，包括人类和近似人类的动物，如南方古猿和心形古猿。

**无脊椎动物**（invertebrate）
一个通用术语，用于描述节肢动物和其他没有脊柱的多细胞生物，如蠕虫、蜗牛或水母。

**间接寄生**（kleptopararsitism）
涉及食物或其他资源分配的寄生形式，是蜂类中最常见的寄生形式。

**切叶蜂**（leafcutter bees）
切叶蜂属，这种蜂会切碎叶子用来筑巢。

**脂质**（lipids）
一组包括各种脂肪、蜡及脂溶性维生素的分子。

**上颚**（mandibles）
蜜蜂的成对口器，有抓取、咬、压碎和切割的功能。

**壁蜂**（mason bees）
切叶蜂科，用泥土筑巢，有时还会掺混石砾、沙子或植物。

**变态**（metamorphosis）
从幼虫发育到成虫的过程；虽然在昆虫中常见，但不是所有昆虫都会经历这个过程。

**后体**（metasoma）
通常指蜜蜂的腹部。

**微孢子虫**（microsporidian）
通过孢子繁殖的微小真菌或真菌样生物。对蜂类而言，常见的病原体是微孢子虫。

**地蜂**（mining bees）
狭义上指在地面筑巢独居的地蜂，广义上指在地下挖掘洞穴和筑巢的蜂类。

**突变**（mutation）
生物遗传密码的随机变化，是自然界变异的主要来源之一。

**互利**（mutualism）
描述两个物种之间对彼此都有利的关系。

**新石器时代**（Neolithic）
人类历史上的一个时期，农业、畜牧业和打磨石器均出现在这一时期。

**新烟碱**[neonicotinoid（neonics）]
一类与尼古丁有关的存在争议的杀虫剂，可攻击昆虫的神经系统。对蜂类来说，高剂量的新烟碱会致死，还会产生小范围的亚致死效应。

**单眼**（ocelli）
光敏感器官，位于蜜蜂头部的三个半透明的圆形突起，有助于定向和导航。

**兰花蜂**（orchid bee）
与熊蜂和蜜蜂存在亲缘关系，一种独居的热带蜂类物种，可为各种兰花授粉。

**产卵器**（ovipositor）
昆虫后端的产卵装置，蜜蜂和熊蜂的这一结构已被改造成毒刺。

**信息素**（pheromone）
通过嗅觉传递信息的化合物，对蜜蜂间的交流必不可少。

**授粉综合征**（pollination syndrome）
开花植物具有的可吸引特定授粉昆虫的性状。

**孔裂**（poricidal anther）
在这种花药中，花粉存放于中央小室中，只能通过一端的小孔散播出去，常见于茄科和石南科植物。

**蜂胶**（propolis）
蜜蜂和一些无刺蜂从植物的芽处收集的脂类物质，可用于建造蜂巢。

**原生动物**（protozoan）
单细胞生物，包括变形虫、鞭毛虫和纤毛虫。

**辐射**（radiation）
在进化过程中，由同一个祖先快速演化出多个不同物种的进化方式。

**生殖隔离**（reproductive isolation）
通过物理或环境障碍阻止种群之间的繁殖，是促使生物向不同物种进化迈出的重要一步。

**花粉耙**（scopa）
蜂类足部或腹部的密集绒毛，有助于收集和运输花粉。

**声振传粉**（sonication）
也被称为蜂鸣授粉，通过蜂类振动翅膀产生的高频声波来帮助花粉散落，特别适合有孔裂的开花植物。

**物种形成（speciation）**
新物种的形成过程。

**雄蕊（stamen）**
花朵的雄性器官，顶部是充满花粉的小室，叫作花药。

**蔗糖（sucrose）**
由果糖和葡萄糖反应生成的糖，通常可从甘蔗或甜菜中提取，是一种普通的食用糖。

**表面活性剂（surfactant）**
降低液体表面张力的化合物，常见于清洁剂，也可用于增强液体杀虫剂的效力。

**分类学（taxonomy）**
一个致力于研究进化关系的科学分支，以物种的分类和命名为主要研究对象。

**萜类（terpene）**
植物产生的一大类挥发性化合物，常用于抵御植食性动物。

**胸部（thorax）**
蜂类或其他昆虫身体的中间部位，其特征是有强大的肌肉来操控足和翅膀。

**两侧对称（zygomorphic）**
植物学术语，指金鱼草花和兰花等两侧对称的花，这些花通常由蜂类授粉。

# 参考文献

Adler, L. S. 2000. The ecological significance of toxic nectar. *Oikos* 91: 409–420.

Alford, D. V. 1969. A study of the hibernation of bumblebees (Hymenoptera: Bombidae) in Southern England. *Journal of Animal Ecology* 38: 149–170.

Allen, T., S. Cameron, R. McGinley, and B. Heinrich. 1978. The role of workers and new queens in the ergonomics of a bumblebee colony (Hymenoptera: Apoidea). *Journal of the Kansas Entomological Society* 51: 329–342.

Altshuler, D. L., W. B. Dickson, J. T. Vance, S. R. Roberts, et al. 2005. Short-amplitude high-frequency wing strokes determine the aerodynamics of honeybee flight. *Proceedings of the National Academy of Sciences* 102: 18213–18218.

Ames, O. 1937. Pollination of orchids through pseudocopulation. *Botanical Museum Leaflets* 5: 1–29.

Aristotle. 1883. *History of Animals*. Translated by R. Cresswell. London: George Bell and Sons.

Armbruster, W. S. 1984. The role of resin in angiosperm pollination: Ecological and chemical considerations. *American Journal of Botany* 71: 1149–1160.

Baker, H. G., and I. Baker. 1975. Studies of nectar-constitution and pollinator-plant coevolution. Pp. 100–140 in L. E. Gilbert and P. H. Raven, eds., *Coevolution of Animals and Plants*. Austin: University of Texas Press.

Balzac, J.-L. G. de. 1854. *Oeuvres*, vol. 2. Paris: Jacques Lecoffre.

Barfod, A., M. Hagen, and F. Borchsenius. 2011. Twenty-five years of progress in understanding pollination mechanisms in palms (Arecaceae). *Annals of Botany* 108: 1503–1516.

Beekman, M., and F. L. W. Ratnieks. 2000. Long-range foraging by the honey-bee, *Apis mellifera* L. *Functional Ecology* 14: 490–496.

Bernardello, G., G. J. Anderson, T. F. Stuessy, and D. J. Crawford. 2001. A survey of floral traits, breeding systems, floral visitors, and pollination systems of the angiosperms of the Juan Fernández Islands (Chile). *Botanical Review* 67: 255–308.

Bernardini F., C. Tuniz, A. Coppa, L. Mancini, et al. 2012. Beeswax as dental filling on a Neolithic human tooth. *PLoS ONE* 7: e44904. https://doi.org/10.1371/journal.pone.0044904.

Bernhardt, P., R. Edens-Meier, D. Jocsun, J. Zweck, et al. 2016. Comparative floral ecology of bicolor and concolor morphs of Viola pedata (Violaceae) following controlled burns. *Journal of Pollination Ecology* 19: 57–70.

Berthier, S. 2007. *Iridescences: The Physical Color of Insects*. New York: Springer.

Bland, R. 1814. *Proverbs, Chiefly Taken from the Adagia by Erasmus*. London: T. Egerton, Military Library, Whitehall.

Boyden, T. 1982. The pollination biology of *Calypso bulbosa* var. *americana* (Orchidaceae): Initial deception of bumblebee visitors. *Oecologica* 55: 178–184.

Bradshaw, H. D., Jr., and D. W. Schemske. 2003. Allele substitution at a flower colour locus produces a pollinator shift in monkeyflowers. *Nature* 426: 176–178.

Brady, S. G., S. Sipes, A. Pearson, and B. N. Danforth. 2006. Recent and simultaneous origins of eusociality in halictid bees. *Proceedings of the Royal Society B* 273: 1643–1649.

Breitkopf, H., R. E. Onstein, D. Cafasso, P. M. Schülter, et al. 2015. Multiple shifts to different pollinators fuelled rapid diversification in sexually deceptive *Ophrys* orchids. *New Phytologist* 207: 377–389.

Brine, M. D. 1883. *Jingles and Joys for Wee Girls and Boys*. New York: Cassel and Company.

Brooks, R. W. 1983. *Systematics and Bionomics of Anthophora—The Bomboides Group and Species Groups of the New World (Hymenoptera—Apoidea, Anthophoridae)*. University of California Publications in Entomology, vol. 98, 86 pp.

Buchmann, S. L., and G. P. Nabhan. 1997. *The Forgotten Pollinators.* Washington, DC: Island Press.

Budge, E. A. W., trans. 1913. *Syrian Anatomy, Pathology, and Therapeutics; or, "The Book of Medicines,"* vol. 1. London: Oxford University Press.

Burkle, L. A., J. C. Marlin, and T. M. Knight. 2013. Plant-pollinator interactions over 120 years: Loss of species, co-occurrence, and function. *Science* 339: 1611–1615.

Cameron, S. A. 1989. Temporal patterns of division of labor among workers in the primitively eusocial bumble bee *Bombus griseocollis* (Hymenoptera: Apidae). *Ethology* 80: 137–151.

Cameron, S. A., H. C. Lim, J. D. Lozier, M. A. Duennes, et al. 2016. Test of the invasive pathogen hypothesis of bumble bee decline in North America. *Proceedings of the National Academy of Sciences* 113: 4386–4391.

Cameron, S. A., J. D. Lozier, J. P. Strange, J. B. Koch, et al. 2011. Patterns of widespread decline in North American bumble bees. *Proceedings of the National Academy of Sciences* 108: 662–667.

Cane, J. H. 2008. A native ground-nesting bee (*Nomia melanderi*) sustainably managed to pollinate alfalfa across an intensively agricultural landscape. *Apidologie* 39: 315–323.

———. 2012. Dung pat nesting by the solitary bee, *Osmia (Acanthosmioides) integra* (Megachilidae: Apiformes). *Journal of the Kansas Entomological Society* 85: 262–264.

Cane, J. H., and V. J. Tepedino. 2016. Gauging the effect of honey bee pollen collection on native bee communities. *Conservation Letters* 10. https://doi.org/10.1111/conl.12263.

Cappellari, S. C., H. Schaefer, and C. C. Davis. 2013. Evolution: Pollen or pollinators—Which came first? *Current Biology* 23: R316–R318.

Cardinal, S., and B. N. Danforth. 2011. The antiquity and evolutionary history of social behavior in bees. *PLoS ONE* 6: e21086. https://doi.org/10.1371/journal.pone.0021086.

———. 2013. Bees diversified in the age of eudicots. *Proceedings of the Royal Society B* 280: 1–9.

Cardinal, S., and L. Packer. 2007. Phylogenetic analysis of the corbiculate Apinae based on morphology of the sting apparatus (Hymenoptera: Apidae). *Cladistics* 23: 99–118.

Carreck, N., T. Beasley, and R. Keynes. 2009. Charles Darwin, cats, mice, bumble bees, and clover. *Bee Craft* 91, no. 2: 4–6.

Chapman, H. A., and A. K. Anderson. 2012. Understanding disgust. *Annals of the New York Academy of Sciences* 1251: 62–76.
Chechetka, S. A., Y. Yu, M. Tange, and E. Miyako. 2017. Materially engineered artificial pollinators. *Chem* 2: 234–239.
Chittka, L., A. Schmida, N. Troje, and R. Menzel. 1994. Ultraviolet as a component of flower reflections, and the color perception of Hymenoptera. *Vision Research* 34: 1489–1508.
Chittka, L., and N. M. Wasser. 1997. Why red flowers are not invisible to bees. *Israel Journal of Plant Sciences* 45: 169–183.
Clarke, D., H. Whitney, G. Sutton, and D. Robert. 2013. Detection and learning of floral electric fields by bumblebees. *Science* 340: 66–69.
Cnaani, J., J. D. Thomson, and D. R. Papaj. 2006. Flower choice and learning in foraging bumblebees: Effects of variation in nectar volume and concentration. *Ethology* 112: 278–285.
Code, B. H., and S. L. Haney. 2006. Franklin's bumble bee inventory in the southern Cascades of Oregon. Medford, OR: Bureau of Land Management, 8 pp.
Coleridge, S. 1853. *Pretty Lessons in Verse for Good Children, with Some Lessons in Latin in Easy Rhyme*. London: John W. Parker and Son.
Correll, D. S. 1953. Vanilla: Its botany, history, cultivation and economic import. *Economic Botany* 7: 291–358.
Crane, E. 1999. *The World History of Beekeeping and Honey Hunting*. New York: Routledge.
Crepet, W. L., and K. C. Nixon. 1998. Fossil Clusiaceae from the late Cretaceous (Turonian) of New Jersey and implications regarding the history of bee pollination. *American Journal of Botany* 85: 1122–1133.
Crittenden, A. N. 2011. The importance of honey consumption in human evolution. *Food and Foodways* 19: 257–273.
———. 2016. Ethnobotany in evolutionary perspective: Wild plants in diet composition and daily use among Hadza hunter-gatherers. Pp. 319–340 in K. Hardy and L. Kubiak-Martens, eds., *Wild Harvest: Plants in the Hominin and Pre-Agrarian Human Worlds*. Oxford: Oxbow Books.
Crittenden, A. N., N. L. Conklin-Britain, D. A. Zes, M. J. Schoeninger, et al. 2013. Juvenile foraging among the Hadza: Implications for human life history. *Evolution and Human Behavior* 34: 299–304.
Crittenden, A. N., and S. L. Schnorr. 2017. Current views on hunter-gatherer nutrition and the evolution of the human diet. *Yearbook of Physical Anthropology* 162(S63): 84–109.

Crittenden, A. N., and D. A. Zess. 2015. Food sharing among Hadza hunter-gatherer children. *PLoS ONE* 10: e0131996.

Cutler, G. C., C. D. Scott-Dupree, M. Sultan, A. D. McFarlane, et al. 2014. A large-scale field study examining effects of exposure to clothianidin seed-treated canola on honey bee colony health, development, and overwintering success. *PeerJ* 2: e652. https://doi.org/10.7717/peerj.652.

D'Andrea, L., F. Felber, and R. Guadagnulo. 2008. Hybridization rates between lettuce (*Lactuca sativa*) and its wild relative (*L. serriola*) under field conditions. *Environmental Biosafety Research* 7: 61–71.

Danforth, B. N. 1999. Emergence, dynamics, and bet hedging in a desert mining bee, *Perdita portalis*. *Proceedings of the Royal Society B* 266: 1985–1994.

———. 2002. Evolution of sociality in a primitively eusocial lineage of bees. *Proceedings of the National Academy of Sciences* 99: 286–290.

Danforth, B. N., S. Cardinal, C. Praz, E. A. B. Almeida, et al. 2013. The impact of molecular data on our understanding of bee phylogeny and evolution. *Annual Review of Entomology* 58: 57–78.

Danforth, B. N., and G. O. Poinar, Jr. 2011. Morphology, classification, and antiquity of *Melittosphex burmensis* (Apoidea: Melittosphecidae) and implications for early bee evolution. *Journal of Paleontology* 85: 882–891.

Danforth, B. N., S. Sipes, J. Fang, and S. G. Brady. 2006. The history of early bee diversification based on five genes plus morphology. *Proceedings of the National Academy of Sciences* 103: 15118–15123.

Darwin, C. 1859. *On the Origin of Species by Means of Natural Selection*. (Reprint of 1859 first edition.) Mineola, NY: Dover.

———. 1877. *The Various Contrivances by Which Orchids Are Fertilised by Insects*, 2nd ed. New York: D. Appleton and Company.

Dean, W. R. J., W. R. Siegfried, and I. A. W. MacDonald. 1990. The fallacy, fact, and fate of guiding behavior in the Greater Honeyguide. *Conservation Biology* 4: 99–101.

Dicks, L. V., B. Viana, R. Bommarco, B. Brosi, et al. 2016. Ten policies for pollinators. *Science* 354: 975–976.

Dillon, M. E., and R. Dudley. 2014. Surpassing Mt. Everest: Extreme flight performance of alpine bumble-bees. *Biology Letters* 10. https://doi.org/10.1098/rsbl.2013.0922.

Di Prisco, G., D. Annoscia, M. Margiotta, R. Ferrara, et al. 2016. A mutualistic symbiosis between a parasitic mite and a pathogenic virus undermines honey bee immunity and health. *Proceedings of the National Academy of Sciences* 113: 3203–3208.

Doyle, A. C. 1917. *His Last Bow: A Reminiscence of Sherlock Holmes*. New York: Review of Reviews Company.

Doyle, J. A. 2012. Molecular and fossil evidence on the origin of angiosperms. *Annual Review of Earth and Planetary Sciences* 40: 301–326.

Driscoll, C. A., D. W. Macdonald, and S. J. O'Brian. 2009. From wild animals to domestic pets, an evolutionary view of domestication. *Proceedings of the National Academy of Sciences* 106: 9971–9978.

Eckert, J. E. 1933. The flight range of the honeybee. *Journal of Agricultural Research* 47: 257–286.

Eilers E. J., C. Kremen, S. Smith Greenleaf, A. K. Garber, et al. 2011. Contribution of pollinator-mediated crops to nutrients in the human food supply. *PLoS ONE* 6: e21363. https://doi.org/10.1371/journal.pone.0021363.

Engel, M. S. 2000. A new interpretation of the oldest fossil bee (Hymenoptera: Apidae). *American Museum Novitiates*, no. 3296, 11 pp.

———. 2001. *A monograph of the Baltic amber bees and evolution of the apoidea (Hymenoptera). Bulletin of the American Museum of Natural History* 259, 192 pp.

Escobar, T. 2007. *Curse of the Nemur: In Search of the Art, Myth, and Ritual of the Ishir*. Pittsburgh: University of Pittsburgh Press.

Evangelista, C., P. Kraft, M. Dacke, J. Reinhard, et al. 2010. The moment before touchdown: Landing manoeuvres of the honeybee *Apis mellifera*. *Journal of Experimental Biology* 213: 262–270.

Evans, E., R. Thorp, S. Jepsen, and S. H. Black. 2008. *Status Review of Three Formerly Common Species of Bumble Bee in the Subgenus* Bombus. Portland, OR: Xerces Society for Invertebrate Conservation, 63 pp.

Evans, H. E., and K. M. O'Neill. 2007. *The Sand Wasps: Natural History and Behavior*. Cambridge, MA: Harvard University Press.

Fabre, J. E. 1915. *Bramble-Bees and Others*. New York: Dodd, Mead.

———. 1916. *The Mason-Bees*. New York: Dodd, Mead.

Fenster, C. B., W. X. Armbruster, P. Wilson, M. R. Dudash, et al. 2004. Pollination syndromes and floral specialization. *Annual Review of Ecology, Evolution, and Systematics* 35: 375–403.

Filella, I., J. Bosch, J. Llusià, R. Seco, et al. 2011. The role of frass and cocoon volatiles in host location by *Monodontomerus aeneus*, a parasitoid of Megachilid solitary bees. *Environmental Entomology* 40: 126–131.

Fine, J. D., D. L. Cox-Foster, and C. A. Mullein. 2017. An inert pesticide adjuvant synergizes viral pathogenicity and mortality in honey bee larvae. *Scientific Reports* 7. https://doi.org/10.1038/srep40499.

Friedman, W. E. 2009. The meaning of Darwin's "Abominable Mystery." *American Journal of Botany* 96: 5–21.

Friis, E. M., P. R. Crane, and K. R. Pedersen. 2011. *Early Flowers and Angiosperm Evolution*. Cambridge: Cambridge University Press.

Garibaldi, L. A., I. Steffan-Dewenter, R. Winfree, M. A. Aizen, et al. 2013. Wild pollinators enhance fruit set of crops regardless of honey bee abundance. *Science* 339: 1608–1611.

Gegear, R. J., and J. G. Burns. 2007. The birds, the bees, and the virtual flowers: Can pollinator behavior drive ecological speciation in flowering plants? *American Naturalist* 170. https://doi.org/10.1086/521230.

Genersch, E., C. Yue, I. Fries, and J. R. de Miranda. 2006. Detection of *Deformed wing virus*, a honey bee viral pathogen, in bumble bees (*Bombus terrestris* and *Bombus pascuorum*) with wing deformities. *Journal of Invertebrate Pathology* 91: 61–63.

Gess, S. K. 1996. *The Pollen Wasps: Ecology and Natural History of the Masarinae*. Cambridge, MA: Harvard University Press.

Gess, S. K., and F. W. Gess. 2010. *Pollen Wasps and Flowers in Southern Africa*. Pretoria: South African National Biodiversity Institute.

Ghazoul, J. 2005. Buzziness as usual? Questioning the global pollination crisis. *TRENDS in Ecology and Evolution* 20: 367–373.

Glaum, P., M. C. Simayo, C. Vaidya, G. Fitch, et al. 2017. Big city Bombus: Using natural history and land-use history to find significant environmental drivers in bumble-bee declines in urban development. *Royal Society Open Science* 4: 170156.

Goor, A. 1967. The history of the date through the ages in the Holy Land. *Economic Botany* 21: 320–340.

Goubara, M., and T. Takasaki. 2003. Flower visitors of lettuce under field and enclosure conditions. *Applied Entomology and Zoology* 38: 571–581.

Goulson, D. 2010. Impacts of non-native bumblebees in Western Europe and North America. *Applied Entomology and Zoology* 45: 7–12.

Goulson, D., E. Nicholls, C. Botías, and E. L. Rotheray. 2015. Bee declines driven by combined stress from parasites, pesticides, and lack of flowers. *Science* 347. https://doi.org/10.1126/science.1255957.

Goulson, D., and J. C. Stout. 2001. Homing ability of the bumblebee *Bombus terrestris* (Hymenoptera: Apidae). *Apidologie* 32: 105–111.

Graves, R. 1960. *The Greek Myths*. London: Penguin.

Greceo, M. K., P. M. Welz, M Siegrist, S. J. Ferguson, et al. 2011. Description of an ancient social bee trapped in amber using diagnostic radioentomology. *Insectes Sociaux* 58: 487–494.

Griffin, B. 1997a. *Humblebee Bumblebee*. Bellingham, WA: Knox Cellars Publishing.

———. 1997b. *The Orchard Mason Bee*. Bellingham, WA: Knox Cellars Publishing.

Grimaldi, D. 1996. *Amber: Window to the Past*. New York: Harry N. Abrams.

———. 1999. The co-radiations of pollinating insects and angiosperms in the Cretaceous. *Annals of the Missouri Botanical Garden* 86: 373–406.

Grimaldi, D., and M. Engel. 2005. *Evolution of the Insects*. New York: Cambridge University Press.

Hallmann, C. A., R. P. B. Foppen, C. A. M. van Turnhout, H. de Kroon, et al. 2014. Declines in insectivorous birds are associated with high neonicotinoid concentrations. *Nature* 511: 341–343.

Hanson, T., and J. S. Ascher. 2018. An unusually large nesting aggregation of the digger bee *Anthophora bomboides* Kirby, 1838 (Hymenoptera: Apidae) in the San Juan Islands, Washington State. *Pan-Pacific Entomologist* 94: 4-16.

Hedtke, S. M., S. Patiny, and B. N. Danorth. 2013. The bee tree of life: A supermatrix approach to apoid phylogeny and biogeography. *BMC Evolutionary Biology* 13: 138.

Heinrich, B. 1979. *Bumblebee Economics*. Cambridge, MA: Harvard University Press.

Henderson, A. 1986. A review of pollination studies in the Palmae. *Botanical Review* 52: 221–259.

Herodotus. 1997. *The Histories*. Translated by G. Rawlinson. New York: Knopf.

Hershorn, C. 1980. Cosmetics queen Mary Kay delivers a megabuck message to her sales staff: 'Women can do anything.' *People*, http://people.com/archive/cosmetics-queen-mary-kay-delivers-a-megabuck-message-to-her-sales-staff-women-can-do-anything-vol-13-no-17.

Hoballah, M. E., T. Gübitz, J. Stuurman, L. Broger, et al. 2007. Single gene-mediated shift in pollinator attraction in Petunia. *Plant Cell* 19: 779–790.

Hogue, C. L. 1987. Cultural entomology. *Annual Review of Entomology* 32: 181–199.

Houston, T. F. 1984. Biological observations of bees in the genus *Ctenocolletes* (Hymenoptera: Stenotritidae). *Records of the Western Australian Museum* 11: 153–172.

How, M. J., and J. M. Zanker. 2014. Motion camouflage induced by zebra stripes. *Zoology* 117: 163–170.

Ichikawa, M. 1981. Ecological and sociological importance of honey to the Mbuti net hunters, Eastern Zaire. *African Study Monographs* 1: 55–68.

Iwasa, T., N. Motoyama, J. T. Ambrose, and R. M. Roe. 2004. Mechanism for the differential toxicity of neonicotinoid insecticides in the honey bee, *Apis mellifera*. *Crop Protection* 23: 371–378.

Jablonski, P. G., H. J. Cho, S. R. Song, C. K. Kang, et al. 2013. Warning signals confer advantage to prey in competition with predators: Bumblebees steal nests from insectivorous birds. *Behavioral Ecology and Sociobiology* 67: 1259–1267.

Jacob, F. 1977. Evolution and tinkering. *Science* 196: 1161–1166.

Jones, H. A. 1927. Pollination and life history studies of lettuce (*Lactuca sativa* L.). *Hilgardia* 2: 425–479.

Jones, K. N., and J. S. Reithel. 2001. Pollinator-mediated selection on a flower color polymorphism in experimental populations of *Antirrhinum* (Scrophulariaceae). *American Journal of Botany* 88: 447–454.

Kajobe, R., and D. W. Roubik. 2006. Honey-making bee colony abundance and predation by apes and humans in a Uganda forest reserve. *Biotropica* 38: 210–218.

Kerr, J. T., A. Pindar, P. Galpern, L Packer, et al. 2015. Climate change impacts on bumblebees converge across continents. *Science* 349: 177–180.

Kevan, P. G., L. Chittka, and A. G. Dyer. 2001. Limits to the salience of ultraviolet: Lessons from colour vision in bees and birds. *Journal of Experimental Biology* 204: 2571–2580.

Keynes, R., ed. 2010. *Charles Darwin's Zoology Notes and Specimen Lists from H.M.S.* Beagle. Cambridge: Cambridge University Press.

Kirchner, W. H., and J. Röschard. 1999. Hissing in bumblebees: An interspecific defence signal. *Insectes Sociaux* 46: 239–243.

Klein, A., C. Brittain, S. D. Hendrix, R. Thorp, et al. 2012. Wild pollination services to California almond rely on semi-natural habitat. *Journal of Applied Ecology* 49: 723–732.

Klein, A., B. E. Vaissière, J. H. Cane, I. Steffan-Dewenter, et al. 2007. Importance of pollinators in changing landscapes for world crops. *Proceedings of the Royal Society B* 274: 303–313.

Koch, J. B., and J. P. Strange. 2012. The status of *Bombus occidentalis* and *B. moderatus* in Alaska with special focus on *Nosema bombi* incidence. *Northwest Science* 86: 212–220.

Kritsky, G. 1991. Darwin's Madagascan hawk moth prediction. *American Entomologist* 37: 205–210.

Krombein, K., and B. Norden. 1997a. Bizarre nesting behavior of *Krombeinictus nordenae* Leclercq (Hymenoptera: Sphecidae, Crabroninae). *Journal of South Asian Natural History* 2: 145–154.

———. 1997b. Nesting behavior of *Krombeinictus nordenae* Leclercq, a sphecid wasp with vegetarian larvae (Hymenoptera: Sphecidae, Crabroninae). *Proceedings of the Entomological Society of Washington* 99: 42–49.

Krombein, K. V., B. B. Norden, M. M. Rickson, and F. R. Rickson. 1999. Biodiversity of the Domatia occupants (ants, wasps, bees and others) of the Sri Lankan Myrmecophyte *Humboldtia lauifolia* (Fabaceae). *Smithsonian Contributions to Zoology* 603: 1–34.

Larison B., R. J. Harrigan, H. A. Thomassen, D. I. Rubenstein, et al. 2015. How the zebra got its stripes: A problem with too many solutions. *Royal Society Open Science* 2: 140452.

Larue-Kontić, A. C., and R. R. Junker. 2016. Inhibition of biochemical terpene pathways in *Achillea millefolim* flowers differently affects the behavior of bumblebees (*Bombus terrestris*) and flies (*Lucilia sericata*). *Journal of Pollination Ecology* 18: 31–35.

Lee, D. 2007. *Nature's Palette: The Science of Plant Color*. Chicago: University of Chicago Press.

Lewis-Williams, J. D. 2002. *A Cosmos in Stone: Interpreting Religion and Society Through Rock Art*. Walnut Creek, CA: AltaMira Press.

Linnaeus, C. 1737. *Critica Botanica*. Leiden: Conradum Wishoff.

Litman, J. R., B. N. Danforth, C. D. Eardley, and C. J. Praz. 2011. Why do leafcutter bees cut leaves? New insights into the early evolution of bees. *Proceedings of the Royal Society* B 278: 3593–3600.

Livy. 1938. *The History of Rome*, Books 40–42. Translated by E. T. Sage and A. C. Schlesinger. Cambridge, MA: Harvard University Press. Archived online at Perseus Digital Library, Tufts University, www.perseus.tufts.edu/hopper.

Lockwood, J. 2013. *The Infested Mind: Why Humans Fear, Loathe, and Love Insects*. New York: Oxford University Press.

Longfellow, H. W. 1893. *The Complete Poetical Works of Henry Wadsworth Longfellow*. Boston: Houghton Mifflin.

Lucano, M. J., G. Cernicchiaro, E. Wajnberg, and D. M. S. Esquivel. 2005. Stingless bee antennae: A magnetic sensory organ? *BioMetals* 19: 295–300.

Lunau, K. 2004. Adaptive radiation and coevolution—Pollination biology case studies. *Organisms, Diversity & Evolution* 4: 207–224.

Maeterlinck, M. 1901. *The Life of Bees*. Translated by A. Sutro. Cornwall, NY: Cornwall Press.

Marlowe, F. W., J. C. Berbesque, B. Wood, A. Crittenden, et al. 2014. Honey, Hadza, hunter-gatherers, and human evolution. *Journal of Human Evolution* 71: 119–128.

McGovern, P., J. Zhang, J. Tang, Z. Zhang, et al. 2004. Fermented beverages of pre- and proto-historic China. *Proceedings of the National Academy of Sciences* 101: 17593–17598.

McGregor, S. E. 1976. *Insect Pollination of Cultivated Crop Plants*. USDA Agriculture Handbook no. 496. Updated version available at US Department of Agriculture, Agricultural Research Service, http://gears.tucson.ars.ag.gov/book.

Messer, A. C. 1984. *Chalicodoma pluto*: The world's largest bee rediscovered living communally in termite nests (Hymenoptera: Megachilidae). *Journal of the Kansas Entomological Society* 57: 165–168.

Meyer, R. S., A. E. DuVal, and H. R. Jensen. 2012. Patterns and processes in crop domestication: An historical review and quantitative analysis of 203 global food crops. *New Phytologist* 196: 29–48.

Michener, C. D. 2007. *The Bees of the World*. Baltimore: Johns Hopkins University Press.

Michener, C. D., and D. A. Grimaldi. 1988. The oldest fossil bee: Apoid history, evolutionary stasis, and antiquity of social behavior. *Proceedings of the National Academy of Sciences* 85: 6424–6426.

Miller, W. 1955. Old man's advice to youth: Never lose your curiosity. *Life*, May 2, 62–64.

Mobbs, D., R. Yu, J. B. Rowe, H. Eich, et al. 2010. Neural activity associated with monitoring the oscillating threat value of a tarantula. *Proceedings of the National Academy of Sciences* 107: 20582–20586.

Moritz, R. F. A., and R. M. Crewe. 1988. Air ventilation in nests of two African stingless bees *Trigona denoiti* and *Trigona gribodoi*. *Experientia* 44: 1024–1027.

Muir, J. 1882a. The bee-pastures of California, Part I. *Century Magazine* 24: 222–229.

———. 1882b. The bee-pastures of California, Part II. *Century Magazine* 24: 388–395.

Mullin, C. A., M. Frazier, J. L. Frazier, S. Ashcraft, et al. 2010. High levels of miticides and agrochemicals in North American apiaries: Implications for honey bee health. *PLoS ONE* 5: e9754. https://doi.org/10.1371/journal.pone.0009754.

Nichols, W. J. 2014. *Blue Mind*. New York: Little, Brown.

Nininger, H. H. 1920. Notes on the life-history of *Anthophora stanfordiana*. *Psyche* 27: 135–137.

O'Neill, K. M. 2001. *Solitary Wasps: Behavior and Natural History*. Ithaca, NY: Cornell University Press.

Ott, J. 1998. The Delphic bee: Bees and toxic honeys as pointers to psychoactive and other medicinal plants. *Economic Botany* 52: 260–266.

Packer, L. 2005. A new species of *Geodiscelis* (Hymenoptera: Colletidae: Xeromelissinae) from the Atacama Desert of Chile. *Journal of Hymenoptera Research* 14: 84–91.

Paris, H. S., and J. Janick. 2008. What the Roman emperor Tiberius grew in his greenhouses. Pp. 33–41 in M. Pitrat, ed., *Cucurbitaceae 2008: Proceedings of the IXth EUCARPIA Meeting on Genetics and Breeding of Cucurbitaceae*. Avignon, France: INRA.

Partap, U., and T. Ya. 2012. The human pollinators of fruit crops in Maoxian County, Sichuan, China. *Mountain Research and Development* 32: 176–186.

Peckham, G. W., and E. G. Peckham. 1905. *Wasps: Social and Solitary*. Boston: Houghton Mifflin.

Phillips, E. F. 1905. Structure and development of the compound eye of the honeybee. *Proceedings of the Academy of Natural Sciences of Philadelphia* 56: 123–157.

Plath, O. E. 1934. *Bumblebees and Their Ways*. New York: Macmillan.

Plath, S. 1979. *Johnny Panic and the Bible of Dreams*. New York: Harper and Row.

Poinar, G. O., Jr., K. L. Chambers, and J. Wunderlich. 2013. *Micropetasos*, a new genus of angiosperms from mid-Cretaceous Burmese amber. *Journal of the Botanical Research Institute of Texas* 7: 745–750.

Poinar, G. O., Jr., and B. N. Danforth. 2006. A fossil bee from early Cretaceous Burmese amber. *Science* 314: 614.

Poinar, G. O., Jr., and R. Poinar. 2008. *What Bugged the Dinosaurs: Insects, Disease and Death in the Cretaceous*. Princeton, NJ: Princeton University Press.

Porter, C. J. A. 1883. Experiments with the antennae of insects. *American Naturalist* 17: 1238–1245.

Porter, D. M. 2010. Darwin: The botanist on the *Beagle*. *Proceedings of the California Academy of Sciences* 61: 117–156.

Potts, S. G., J. C. Biesmeijer, C. Kremen, P. Neumann, et al. 2010. Global pollinator declines: Trends, impacts and drivers. *Trends in Ecology & Evolution* 25: 345–353.

Potts, S. G., V. L. Imperatriz-Fonseca, and H. T. Ngo, eds. 2016. *The Assessment Report of the Intergovernmental Science-Policy Platform on Biodiversity and Ecosystem Services on Pollinators, Pollination and Food Production*. Bonn, Germany: Secretariat of the Intergovernmental Science-Policy Platform on Biodiversity and Ecosystem Services.

Proctor, M., P. Yeo, and A. Lack. 1996. *The Natural History of Pollination*. Portland, OR: Timber Press.

Pyke, G. H. 2016. Floral nectar: Pollination attraction or manipulation? *Trends in Ecology and Evolution* 31: 339–341.

Ransome, H. M. 2004. *The Sacred Bee in Ancient Times and Folklore*. (Reprint of 1937 edition.) Mineola, NY: Dover.

Reinhardt, J. F. 1952. Some responses of honey bees to alfalfa flowers. *American Naturalist* 86: 257–275.

Roffet-Salque, M., M. Regert, R. P. Evershed, A. K. Outram, et al. 2015. Widespread exploitation of the honeybee by early Neolithic farmers. *Nature* 527: 226–231.

Ross, A., C. Mellish, P. York, and B. Crighton. 2010. Burmese amber. Pp. 208–235 in D. Penny, ed., *Biodiversity of Fossils in Amber from the Major World Deposits*. Manchester, UK: Siri Scientific Press.

Roubik, D. W., ed. 1995. *Pollination of Cultivated Plants in the Tropics*. Rome: Food and Agriculture Organization of the United Nations.

Roulston, T., and K. Goodell. 2011. The role of resources and risks in regulating wild bee populations. *Annual Review of Entomology* 56: 293–312.

Rundlöf, M., G. K. S. Andersson, R. Bommarco, I. Fries, et al. 2015. Seed coating with a neonicotinoid insecticide negatively affects wild bees. *Nature* 521: 77–80.

Saunders, E. 1896. *The Hymenoptera Aculeata of the British Islands*. London: L. Reeve.

Savage, C. 2008. *Bees: Natures Little Wonders*. Vancouver, BC: Greystone Books.

Schemske, D. W., and H. D. Bradshaw, Jr. 1999. Pollinator preference and the evolution of floral traits in monkeyflowers (Mimulus). *Proceedings of the National Academy of Sciences* 96: 11910–11915.

Schmidt. J. O. 2014. Evolutionary responses of solitary and social Hymenoptera to predation by primates and overwhelmingly powerful vertebrate predators. *Journal of Human Evolution* 71: 12–19.

———. 2016. *The Sting of the Wild*. Baltimore: Johns Hopkins University Press.

Schwarz, H. F. 1945. The wax of stingless bees (Meliponidæ) and the uses to which it has been put. *Journal of the New York Entomological Society* 53: 137–144.

Schwarz, M. P., M. H. Richards, and B. N. Danforth. 2007. Changing paradigms in insect social evolution: Insights from halictine and allodapine bees. *Annual Review of Entomology* 52: 127–150.

Seligman, M. E. P. 1971. Phobias and preparedness. *Behavior Therapy* 2: 307–320.

Shackleton, K., H. A. Toufailia, N. J. Balfour, F. S. Nasicimento, et al. 2015. Appetite for self-destruction: Suicidal biting as a nest defense strategy in *Trigona* stingless bees. *Behavioral Ecology and Sociobiology* 69: 273–281.

Slaa, E. J., L. Alejandro, S. Chaves, K. Sampaio Malagodi-Braga, et al. 2006. Stingless bees in applied pollination: Practice and perspectives. *Apidologie* 37: 293–315.

Sladen, F. W. L. 1912. *The Humble-Bee: Its Life-History and How to Domesticate It*. London: Macmillan.

Smith, A. 2012. Cash-strapped farmers feed candy to cows. CNN Money, http://money.cnn.com/2012/10/10/news/economy/farmers-cows-candy-feed/index.html.

Somanathan, H., A. Kelber, R. M. Borges, R. Wallén, et al. 2009. Visual ecology of Indian carpenter bees II: Adaptations of eyes and ocelli to nocturnal and diurnal lifestyles. *Journal of Comparative Physiology* A 195: 571–583.

Sparrman, A. 1777. An account of a journey into Africa from the Cape of Good-Hope, and a description of a new species of cuckow. In a letter to Dr. John Reinhold Forster, FRS *Philosophical Transactions of the Royal Society of London* 67: 38–47.

Srinivasan, M. V. 1992. Distance perception in insects. *Current Directions in Psychological Science* 1: 22–26.

Stableton, J. K. 1908. Observation beehive. *School and Home Education* 28: 21–23.

Stokstad, E. 2007. The case of the empty hives. *Science* 316: 970–972.

Stone, G. N. 1993. Endothermy in the solitary bee *Anthophora plumipes*: Independent measures of thermoregulatory ability, costs of

warm-up and the role of body size. *Journal of Experimental Biology* 174: 299–320.
Strong, D. R., J. H. Lawton, and R. Southwood. 1984. *Insects on Plants: Community Patterns and Mechanisms*. Cambridge, MA: Harvard University Press.
Sun, B. Y., T. F. Stuess, A. M. Humana, M. Riveros, et al. 1996. Evolution of *Rhaphithamnus venustus* (Verbenaceae), a gynodioecious hummingbird-pollinated endemic of the Juan Fernandez Islands, Chile. *Pacific Science* 50: 55–65.
Sutherland, W. J. 1990. Biological flora of the British Isles: *Iris pseudacorus* L. *Journal of Ecology* 78: 833–848.
Theophrastus. 1916. *Enquiry into Plants, and Minor Works on Odours and Weather Signs*. Translated by A. Hort. London: William Heinemann.
Thoreau, H. D. 1843. Paradise (to be) regained. *United States Magazine and Democratic Review* 13: 451–463.
———. 2009. *The Journal, 1837–1861*. Edited by D. Searls. New York: New York Review Books.
Thorp, R. W. 1969. Ecology and behavior of *Anthophora edwardsii*. *American Midland Naturalist* 82: 321–337.
Tolstoy, L. (1867) 1994. *War and Peace*. New York: Modern Library.
Torchio, P. F. 1984. The nesting biology of *Hylaeus bisinuatus* Forster and development of its immature forms (Hymenoptera: Colletidae). *Journal of the Kansas Entomological Society* 57: 276–297.
Torchio, P. F., and V. J. Tepedino. 1982. Parsivoltinism in three species of *Osmia* bees. *Psyche* 89: 221–238.
VanEngelsdorp, D., D. Cox-Foster, M. Frazier, N. Ostiguy, et al. 2006. "Fall-Dwindle Disease": Investigations into the causes of sudden and alarming colony losses experienced by beekeepers in the fall of 2006. Mid-Atlantic Apiculture Research and Extension Consortium (MAAREC)–Colony Collapse Disorder Working Group, 22 pp.
VanEngelsdorp, D., J. D. Evans, L. Donovall, C. Mullin, et al. 2009. "Entombed Pollen": A new condition in honey bee colonies associated with increased risk of colony mortality. *Journal of Invertebrate Pathology* 101: 147–149.
Virgil. 2006. *The Georgics*. Translated by P. Fallon. Oxford: Oxford University Press.
Wallace, Alfred Russel. 1869. *The Malay Archipelago*. New York: Harper and Brothers.

Watson, K., and J. A. Stallins. 2016. Honey bees and Colony Collapse Disorder: A pluralistic reframing. *Geography Compass* 10: 222–236.
Wcislo, W. T., L Arneson, K. Roesch, V. Gonzolez, et al. 2004. The evolution of nocturnal behaviour in sweat bees, *Megalopta genalis* and M. *ecuadoria* (Hymenoptera: Halictidae): An escape from competitors and enemies? *Biological Journal of the Linnean Society* 83: 377–387.
Wcislo, W. T., and B. N. Danforth. 1997. Secondarily solitary: The evolutionary loss of social behavior. *Trends in Ecology and Evolution* 12: 468–474.
Wellington, W. G. 1974. Bumblebee ocelli and navigation at dusk. *Science* 183: 550–551.
Weyrich, L. S., S. Duchene, J. Soubrier, L. Arriola, et al. 2017. Neanderthal behaviour, diet, and disease inferred from ancient DNA in dental calculus. *Nature* 544: 357–361.
Whitfield, C. W., S. K. Behura, S. H. Berlocher, A. G. Clark, et al. 2007. Thrice out of Africa: Ancient and recent expansions of the honey bee, *Apis mellifera*. *Science* 314: 642–645.
Whitman, W. (1855) 1976. *Leaves of Grass*. Secaucus, NJ: Longriver Press.
Whitney, H. M., L. Chittka, T. J. A. Bruce, and B. J. Glover. 2009. Conical epidermal cells allow bees to grip flowers and increase foraging efficiency. *Current Biology* 19: 948–953.
Wille, A. 1983. Biology of the stingless bees. *Annual Review of Entomology* 28: 41–64.
Wilson, E. O. 2012. *The Social Conquest of Earth*. New York: Liveright.
Winston, M. L. 1987. *The Biology of the Honey Bee*. Cambridge, MA: Harvard University Press.
Wood, B. M., H. Pontzer, D. A. Raichlen, and F. W. Marlowe. 2014. Mutualism and manipulation in Hadza-honeyguide interactions. *Evolution and Human Behavior* 35: 540–546.
Wrangham, R. W. 2011. Honey and fire in human evolution. Pp. 149–167 in J. Sept and D. Pilbeam, eds. *Casting the Net Wide: Papers in Honor of Glynn Isaac and His Approach to Human Origins Research*. Oxford: Oxbow Books.
Yeats. W. B. 1997. *The Collected Works of W. B. Yeats*. Vol. 1, *The Poems*, 2nd ed. Edited by J. Finneman. New York: Scribner.